Elektromobilität

Mehmet Yay

Elektromobilität

Theoretische Grundlagen, Herausforderungen sowie Chancen und Risiken der Elektromobilität, diskutiert an den Umsetzungsmöglichkeiten in die Praxis

3., durchgesehene Auflage

PL ACADEMIC RESEARCH

Bibliografische Information der Deutschen Nationalbibliothek
Die Deutsche Nationalbibliothek verzeichnet diese Publikation in der Deutschen Nationalbibliografie; detaillierte bibliografische Daten sind im Internet über http://dnb.d-nb.de abrufbar.

Konzeption und Gestaltung des Buchcovers:

Heblik&Wahl GbR
Büro für visuelle Kommunikation
www.heblikundwahl.de

Claudia Ruth Heblik

Gedruckt auf alterungsbeständigem,
säurefreiem Papier.

ISBN 978-3-631-66244-1 (Print)
E-ISBN 978-3-653-05305-0 (E-Book)
DOI 10.3726/978-3-653-05305-0

PL Academic Research ist ein Imprint der Peter Lang GmbH.

Peter Lang – Frankfurt am Main · Bern · Bruxelles · New York · Oxford · Warszawa · Wien

Diese Publikation wurde begutachtet.

www.peterlang.com

Executive Summary

Die Automobilbranche steht kurz vor dem Umbruch zu alternativen Antriebskonzepten. Seit 100 Jahren kommen in Fahrzeugen Verbrennungsmotoren zum Einsatz, die hauptsächlich mit Hilfe von fossilen Energieträgern betrieben werden. Umweltauswirkungen der Fahrzeuge, Ressourcenknappheit, steigende Ölpreise, steigendes Umweltbewusstsein in der Bevölkerung und legislative Anforderungen an die Umweltverträglichkeit von PKWs üben vermehrt Druck auf die Automobilhersteller aus alternative Antriebssysteme zu entwickeln. Bestrebungen in der Vergangenheit den konventionellen durch einen elektrischen Antrieb zu ersetzen scheiterten bisher an technologischen Grenzen, insbesondere die der Batterien. Hohe Kosten, geringe Reichweiten und Sicherheitsprobleme wurden als Grund für das Scheitern angeführt. Damals stellten hauptsächlich Blei-Akkumulatoren die nötige Energie für den Antrieb zur Verfügung. Sie gelten zwar als technisch ausgereift, waren aber auch für die meisten Probleme in der Umsetzung elektromobiler Antriebskonzepte verantwortlich. Von der Akkumulatoren Entwicklung für mobile Geräte wie Handys und Laptops profitiert nun auch die Elektromobilität. Lithium-Ionen-Akkumulatoren sind leichter, können mehr Energie speichern und sind in großen Systemen einsetzbar.

Die Arbeit untersucht die Mobilitätskosten von Elektrofahrzeugen sowie das CO_2-Reduktionspotenzial unter Einsatz der Lithium-Ionen-Akkumulatoren. Das vernetzte und komplexe System der Elektromobilität bietet eine Vielzahl von Chancen und Risiken für Umwelt und Technologie, Wirtschaft und Markt, aber auch branchenübergreifend. Diese Bereiche sind eng miteinander verzahnt, wobei sich Risiken vorwiegend auf Wirtschaft und Markt beschränken und Chancen auf allen Gebieten genutzt werden können. Ferner werden Probleme und Herausforderungen in den verschiedenen Entwicklungsstufen der Elektromobilität herausgearbeitet. Sie bestehen in jedem Bereich der Wertschöpfungskette von der Rohstoffbeschaffung bis hin zur Vermarktung, in allen technischen Bereichen, sowie der Rekrutierung von spezialisiertem Personal. Der Kreis der Akteure erweitert sich um beispielsweise Energieversorger, Kommunikations- und Informationstechnologie-Unternehmen. Im Zusammenspiel mit den herkömmlichen Akteuren werden neue Prozesse in Gang gesetzt, die vom Staat im Rahmen des „Nationalen Entwicklungsplan Elektromobilität der Bundesregierung" (NEEdB) unterstützt und gefördert werden. Der NEEdB schreibt die Entwicklung Deutschlands zum Leitmarkt für Elektromobilität fest. Dadurch sollen langfristig Chancen der Entwicklungen genutzt und Arbeitsplätze in Deutschland gesichert werden. Hierbei fördert der Staat alle beteiligten Unternehmen in der gesamten Wertschöpfungskette und stellt entsprechend finanzielle Mittel zur Verfügung. Anders als in der Vergangenheit geht die Förderung über reine Absichtserklärungen hinaus. Ein Zeitplan sieht vor, dass bis zum Jahr 2020 eine Millionen Fahrzeuge auf Deutschlands Straßen fahren sollen. Die Diskussion der Umsetzungsmöglichkeiten in die Praxis orientiert sich dabei an den technischen Möglichkeiten und aktuellen Entwicklungen. Der Einsatz von rein elektrischen Fahrzeugen ist heute in Theorie und Praxis umsetzbar und besonders in Großstädten sinnvoll. Hier kommt der Vorteil des emissionsfreien Fahrens besonders mit Elektromobilen zum Tragen. Die geringe Reichweite fällt kaum ins Gewicht, doch muss die Errichtung der Infrastruktur vorangetrieben werden. Durch hohe Anschaffungskosten der Fahrzeuge ist der Einsatz vorerst nur für Unternehmen im Rahmen des Umweltmanagement von Interesse. Die Bedingung, nur Strom aus erneuerbaren Energien zu nutzen, muss erfüllt sein, sonst leidet die Öko-Bilanz des Fahrzeugs erheblich darunter. Auf langen Distanzen macht die Hybridisierung Sinn, da Hybridfahrzeuge massenmarkttauglich sind und Ressourcen effizient geschont werden können. Je nach Elektrifizierungsgrad des Fahrzeugs unterscheidet man Mikro- bis Vollhybride und mit externer Lademöglichkeit Plug-in Vollhybride. Hier können Kraftstoffeinsparungen von bis zu 30 % erzielt werden. Generell dienen Hybridfahrzeuge als Brückentechnologie. Aufgrund von Skaleneffekten und der Lernkurve ist zu erwarten, dass die Kosten für ein Elektromobil sinken und das Problem der Reichweite gelöst wird. Somit wird das Ziel des NEEdB von einer Millionen Elektrofahrzeugen bis zum Jahr 2020 wohl übertroffen werden. Doch die hohe Innovationsdynamik in diesem Bereich lässt kaum Spekulationen zu. Es ist denkbar, dass bis zum Jahr 2050 Elektrofahrzeuge die deutschen Straßen dominieren und PKWs mit Verbrennungsmotor verschwunden sind.

Insgesamt bietet die Arbeit einen Einblick in das Gebiet Elektromobilität, den aktuelle Stand und die Entwicklungstendenzen. Handlungsempfehlungen zielen dabei auf alle Akteure der Entwicklung von Elektromobilität ab. Das Elektromobil wird kommen. Neue Player und Akteure auf dem Markt sorgen für den nötigen Wettbewerbsschub und forcieren zusätzlich die Entwicklung.

English

The automotive industry is standing just before on expected upheaval due to the arriving alternative concepts of driving power. For 100 years, vehicles have been fueled by catalytic combustion, which mainly functions with by using fossil energy sources to provide the required driving energy. Environmental consequences, resource scarcity, rising oil prices, increasing ecological awareness of the people and legislative requirements for personal cars in regards to environment-compatibility, are putting more pressure on automakers to develop alternative solutions in driving engine systems.

In the past, efforts to replace conventional power propulsion through electrical power drives, have been made and failed due to technological limitations, especially in battery technology. High costs, short range and safety problems were the cause for these failures. Lead-Accumulators then provided mainly the required energy; they were considered as technologically mature, at the same time they were seen as responsible for most implementation issues. Electric mobility has benefited from the development of mobile storage technology, such as that in cell phones and laptops. Lithium-Ion- Accumulators, for instance, are more portable, having higher storing capacities and can be used for more complex systems.

This paper examines the mobility cost of electric vehicles and the potential for the CO_2-reduction when using Lithium-Ion-Accumulators. The structured and the complex system of electric mobility not only offers vast numbers of opportunities and challenges for the environment, technology, business world and markets but it is also overlapping due to the close interrelation in the aforementioned fields; whereas the challenges are mostly tied to the fields of Business and Markets. And most of the prospects can be hold out on all fields. Furthermore, issues and challenges of electric mobility in different steps can be presented in more details. They exist in every aspect of all value-added chains beginning from the resource procurement to Marketing, in technology aspects, such as R&D and in the recruitment of specialized staffs.

The circle of involved participants can be extended to the companies in Energy, Communications and Information Technology sectors. In cooperation with the former parties, new processes can be initiated, which are state-supported and funded by the Federal Republic of Germany in line with the „National Development Plan for Electric Mobilty of the Federal Government"(NEEdB). The NEEdB has been laid down in order to shape up Germany as the leading market for electric mobility. The long-term opportunities from these developments thus could be taken and jobs in Germany could be secured. The government intends to support all companies, which are involved in the entire supply chain and adequately provide financial assistance. Differently from previous efforts in the past, funding will exceed the expectation of pure intention. The schedule aims to bring one million vehicles into service on German street by 2020.

The discussions about practical realisation are based on technological possibilities and current development. Using battery electric vehicles can not only be put in theory and in practice, but it is extremely useful for metropolitan cities. Also, it deals with the advantages of low-emission car driving in electric mobiles. The short range journey is not the issue as it carries no weigh, yet the building of the infrastructure poses certain obstacles. Due to highly acquisition cost, use of these vehicles is only in the interest of companies within the scope of environmental management. The requirement of solely using electricity from renewable resources must be fulfilled, it will otherwise cause significant damages to the vehicle's ecological balance. Hybridisation makes sense in terms of long-distance rides, as hybrids are ready for the mass markets and resources can be efficiently conserved. Depending on the degree of electrification, the vehicle can be divided into micro-, full-hybrids-, and plug-in full-hybrids with external charging. 30 % of the fuel can be minimized. In General, hybrid electric vehicles serves as a bridging technology, and because of the scale of economics and learning curves, cost reductions and solutions for the distance issues can be expected. The goal of reaching one million electric vehicles can therefore be exceeded by 2020, which can be expected considering the dynamics of innovation in this field. It is possible to say that electric vehicles will play a dominant role on the streets of Germany by 2050 and passenger cars with a traditional combustion engine will be obsolete by then.

This work in total, offers an insight in the field of electric mobility, the current state and the trend of the development. Recommendations for action are targeted at all involved parties in the development field of electric mobility. The electric mobile car will definitely arrive. The new market players and participants will bring the necessary push of competition and accelerate this progress.

Inhaltsverzeichnis

1 Einleitung

1.1 Ausgangslage, Situations- und Problemanalyse

Das Thema Elektromobilität ist Trend! Es finden sich dazu nahezu täglich Beiträge in den Medien. Das allgemeine Interesse ist groß, da ein Paradigmenwechsel in der Automobilgeschichte nahezu greifbar erscheint. Hinter dem Begriff Elektromobilität steckt ein Antriebskonzept für Fahrzeuge, die bisher konventionell mit einem Verbrennungsmotor ausgestattet sind und zukünftig mit einem Elektromotor angetrieben werden sollen. Als Treiber dieser Entwicklung wirkt die Debatte um die Treibhausgasemissionen und dem damit verbundenen Klimawandel, sowie die knapper werdenden Erdölreserven und das Erreichen von *Peak Oil*.[1] Dem nach sind bei gegenwärtiger Förderung die Ressourcen bereits in 43 Jahren erschöpft.[2] Elektrofahrzeuge sollen „grün" werden und in Zukunft mit sauberem Strom aus erneuerbaren Energien fahren. Sie sollen uns unabhängiger von Erdölimporten machen und die Ressourcen schonen. Ermöglicht wird dies durch technologische Weiterentwicklungen der Batterien, dem Kernstück des Elektromobils. Hierbei handelt es sich um Lithium-Ionen-Akkumulatoren, die sich schon jetzt in jedem Laptop und Mobiltelefon finden. Mit den neuen Batterien bieten sich weitere technische Möglichkeiten: So könnte man bei einer Überproduktion von Strom durch erneuerbare Energien in den Elektrofahrzeugen zwischenspeichern und abrufen, wenn der Bedarf wieder steigt. Diese Entwicklung hat nun auch die Bundesregierung auf den Plan gerufen. Sie sieht in der Elektromobilität zukünftig die Sicherung der Mobilität auf Basis erneuerbarer Energien. So sollen bis zum Jahr 2020 eine Millionen Elektro- und Hybridfahrzeuge auf den deutschen Straßen fahren und bis 2050 konventionell betriebene Fahrzeuge im Stadtverkehr nahezu verschwunden sein. Die Bundesregierung hat hierzu den Nationalen Entwicklungsplan Elektromobilität entwickelt, mit dem Ziel eine klimaverträgliche Form der Mobilität zu etablieren.[3] Der Verkehrssektor macht 20 % der CO_2-Emissionen in der Bundesrepublik aus. Unterberücksichtigung der Vorkette, emittiert jedes Auto durchschnittlich

1 Peak Oil bezeichnet die maximale Menge an Erdöl, die gefördert werden kann und stellt somit die Produktionsspitze der Erdölförderung dar.

2 Vgl. Quaschning, Volker (2008), S. 34

3 Vgl. Netz, Hartmut (2009), S. 9

200 g CO_2 je Kilometer.[4] Somit steckt in der Umsetzung des Plans ein enormes Potenzial zur Senkung der CO_2-Emissionen im Straßenverkehr und Erreichung der klimapolitischen Ziele.[5] Wenn es nach den Plänen der Bundesregierung geht, soll sich Deutschland zum Leitmarkt für Elektromobilität entwickeln.

Tatsächlich erlebt das Elektromobil ein „Comeback" und ist keine neue Erfindung. Die Idee des elektrischen Fahrens feiert im Jahr 2010 bereits sein 175-jähriges Bestehen und ist somit älter als das erste Fahrzeug mit Verbrennungsmotor. So stellt sich die Frage, wo die Elektrofahrzeuge geblieben sind? Auf den Straßen sind bisher keine Elektromobile zu sehen. Betrachtet man das Straßenbild laut dem Kraftfahrt-Bundesamt, rollten am 1. Januar 2009 etwa 41.321.171 PKW auf der Straße.[6] Davon waren gerademal 1.452 Elektromobile und 22.330 Hybridfahrzeuge.[7] Es fällt auf, dass die meisten Elektrofahrzeuge in Bundesländern angemeldet sind, in denen aktuell Pilotprojekte laufen und die großen Automobilkonzerne angesiedelt sind.

Das Elektroauto hat noch mit vielen Problemen zu kämpfen. Neben der Infrastrukturproblematik und der damit verbundenen Möglichkeit Elektrofahrzeuge zu betanken, erfüllen die Batterien noch nicht die gewünschten Anforderungen. Als wichtigste sind die Speicherkapazität, die Ladedauer und Haltbarkeit zu nennen. Eine weitere Hürde stellen die Kosten für die Batterien dar. Einerseits führen die hohen Kosten zu einem hohen Fahrzeugpreis und zum anderen steigen die Mobilitätskosten, wenn man die Amortisationskosten in die Rechnung einbezieht. Darüber hinaus stellt sich die Frage, ob Elektrofahrzeuge wirklich so „grün" sind, wie sie gepriesen werden. So fällt im Zusammenhang mit Elektromobilität und Klimaschutzmaßnahmen schon mal der Begriff Greenwashing und der Vorwurf seitens Greenpeace, es handelt sich hierbei eher um eine Imagekampagne der beteiligten Automobil- und Energiekonzerne.[8]

1.2 Zielsetzungen und inhaltliche Abgrenzung

Ziel dieser Arbeit ist es, festzustellen, wie Elektromobilität heute und mit welchen technologischen Möglichkeiten in die Praxis umgesetzt werden kann. Die Diskussion der Möglichkeiten soll dabei von den bis dahin erarbeiteten Ergebnissen und Erkenntnissen gestützt werden. Diese Arbeit soll kritisch hinterfra-

4 Vgl. o. V. (2009), S. 73; Die Emissionen Erdöl basierter Fahrzeuge ergeben sich bei Einbeziehung der gesamten Vorkette, also eine „Well to Wheels" Betrachtung.
5 Vgl. Adolf, Jörg; Huibers, Reno (2009), S. 55
6 Vgl. Kraftfahrt Bundesamt (a2009)
7 Vgl. Kraftfahrt Bundesamt (b2009)
8 Vgl. Asendorpf, Dirk (2009), S. 38

gen, ob Elektromobilität tatsächlich CO_2-Emissionen reduzieren und den Anforderungen des Staates wie auch Konsumenten gerecht werden. Darüber hinaus soll geprüft werden, wie die Umwelt von der Umsetzung profitiert und an welche Bedingungen dies geknüpft ist.

Der Begriff „Elektromobilität"[9] konzentriert sich im Kontext dieser Arbeit auf den Straßenverkehr und hier insbesondere auf Personenkraftwagen (PKW), die mit einem rein elektrischen Antriebssystem (BEV) ausgestattet sind oder nur teilweise elektrisch betrieben werden wie die Hybridfahrzeuge (HEV). Mit Akkumulatoren oder Akkus sind in der Arbeit aufladbare Batterien gemeint. Auf technische Details wird verzichtet, wenn diese nicht unmittelbar relevant sind für diese Arbeit.

1.3 Aufbau und Struktur der Arbeit

Im nachfolgenden Kapitel der Arbeit wird die historische Entwicklung des Elektromobils vorgestellt. Hier soll veranschaulicht werden, wie die Technologie in der Vergangenheit eingesetzt wurde und wo damals bereits die Grenzen im Einsatz lagen. Im nächsten Kapitel werden die aktuellen Treiber der Entwicklung erörtert, die der Elektromobilität zu einer Renaissance in der Automobilbranche verholfen haben. Anschließend wird an die theoretischen Grundlagen der Elektromobilität angeknüpft, in welchem eine Definition und genaue Abgrenzung von Elektromobilität erfolgt und anschließend die Technologie erläutert wird. Hier werden bereits die Probleme und Grenzen der Technik beschrieben und eingegrenzt. Dabei spielt die Batterietechnologie und Möglichkeiten der Ladung eine zentrale Rolle, da diese eine Schlüsseltechnologie in der zukünftigen Entwicklung darstellen. Im sechsten Kapitel werden die Herausforderungen entlang der Wertschöpfungskette beleuchtet und der aktuelle Stand der Entwicklung beschrieben. Dem folgen im selben Kapitel die Chancen und Risiken, die sich durch Elektromobilität in den Bereichen Umwelt und Technologie, Wirtschaft und Markt, wie auch branchenübergreifend ergeben. Unter Berücksichtigung der Ergebnisse und Erkenntnisse in den Kapiteln zuvor, werden daran Anschließend die Möglichkeiten der Umsetzung in die Praxis diskutiert. Zuvor wird die staatliche Unterstützung und Ziele im Rahmen des „Nationalen Entwicklungsplan Elektromobilität der Bundesregierung" (NEEdB) vorgestellt, da diese

---

9 Zur Elektromobilität gehören auch die Begriffe, „Elektrofahrzeuge", „Elektroautos", „Elektromobil", „e-Mobil", „e-Mobility", „Electric Vehicle (EV)", „Akkumulatorwagen" und können im Rahmen von Zitaten genannt werden.

die aktuelle Entwicklung aktiv Fördern und begleiten. Abschließend erfolgt ein Fazit, in dem das Elektromobil kritisch gewürdigt wird.

2 Die historische Entwicklung des Elektromobil

2.1 Am Anfang war das „Elektromobil“

In der kleinen Stadt Padua in Italien, war es 1831 SALVATORE DAL NEGRO gelungen, den ersten durch Elektromagnetismus in Bewegung gehaltenen Kraftmotor zu konstruieren. Im Jahr 1834 baute schließlich der Königsberger Physiker MORITZ H. JACOBI einen elektro-magnetischen Drehmotor, der die Kraft eines „halben Mannes“ hatte. Somit waren die Grundsteine gelegt, die Idee mit Strom zu fahren umzusetzen. Im Jahr 1835 wurde das erste Dreirad-Modell von STRATINGH UND BECKER entwickelt.[10] Es handelte sich um ein kleines Fahrzeug, das kaum zum Transport von Personen über längere Distanzen geeignet war. Zu dieser Zeit gab es keine aufladbaren Batterien, weswegen Einwegbatterien benutzt wurden. Die elektrische Batterie von ALLESANDRO GIUSEPPE ANTONIO ANASTASIO GRAF VON VOLTA im Jahr 1800, auch die „Säule“ genannt, war nicht in der

Abbildung 2.1: Erstes Elektrofahrzeug von Straingh & Becker 1835

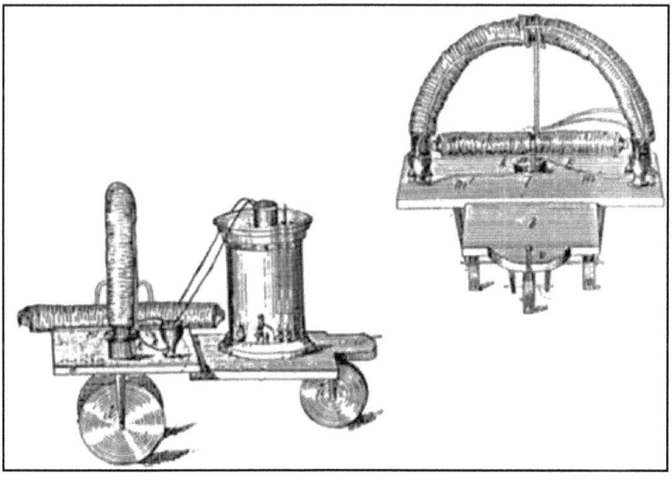

Quelle: Kloss, Albert (1996), S. 63

10 Vgl. Kloss, Albert (1996), S. 59 ff.

Lage Strom zu speichern. Erst im Jahr 1881 gelang es eine leistungsstarke Batterie zu entwickeln, die von CAMILLE A. FAURE und VOLKMAR in Paris vorgestellt wurde. Es war der erste Blei-Blei-Akkumulator, der Strom speichern konnte. Damit begann im Jahr 1881 das Zeitalter der Elektrofahrzeuge mit Akkumulator.[11]

Abbildung 2.2: Elektrotaxi in Berlin 1899

Quelle: Kloss, Albert (1996), S. 92

Inzwischen hatte WERNER VON SIEMENS im Jahre 1866 das dynamoelektrische Prinzip entwickelt.[12] Nun hatte man einen leistungsstarken Akkumulator und einen passenden Elektromotor, worauf hin im selben Jahr GUSTAVE TROUVÉ mit seinem Dreiradwagen eine Probefahrt auf der *Rue de Valois* in Paris machte. Die Probefahrt dauerte 1,5 Stunden. Kurz danach fuhr NICOLAS J. RAFFARD durch die Pariser Straßen mit einem Elektrofahrzeug. Dieses Elektrofahrzeug, auch „Tramcar" genannt, transportierte 40 Personen und fuhr 10 Kilometer pro Stunde (km/h). In den Folgejahren wurden weitere Dreiradwagen entwickelt, alle auf demselben technologischen Stand und ohne nennenswerten Fortschritt. Das erste Vierradauto wurde 1892 von WILLIAM MORRISON in den USA gefertigt. Als ers-

11 Vgl. Kloss, Albert (1996), S. 84 f.
12 Vgl. Billisich, F.R. et. al. (1994), S. 9 f.

tes serienmäßig hergestelltes Elektrofahrzeug gilt der Wagen „Columbia" von der Fahrradfirma Pope Manufacturing Company in Hartford, Connecticut, 1897. Zwei Jahre später wurden 500 Elektrofahrzeuge und im Jahr 1900 bereits doppelt soviele produziert. Zum Vergleich stellte BENZ nur 600 Benzinfahrzeuge in derselben Zeit her und FORD lieferte die ersten 1000 Fahrzeuge mit Verbrennungsmotor drei Jahre später aus. Beliebt war die Nutzung der Elektrofahrzeuge im Stadtverkehr als Taxi. Sie waren im Vergleich zu den konkurrierenden Pferdedroschken leise, sauber und hinterließen keinen Mist auf den Straßen. So ersetzten die Elektrofahrzeuge nach und nach die Kutschen, die bisher das Straßenbild prägten.

Im Jahr 1899 wurden die ersten Elektrofahrzeuge als Taxis in Berlin eingesetzt. Die Berliner hatten schnell einen Namen für ihre Taxis gefunden „die elektrische Droschke". Die elektrische Droschke fuhr zu dieser Zeit 20 km/h schnell und hatte eine Reichweite von 30 Kilometern. Der Wechsel des Akkumulators war nicht aufwendig und dauerte 5 Minuten. Man stellte nun weltweit Elektromobile her.[13]

Von Anfang an stand fest, dass Elektromobile in der Reichweite mit den Benzinwagen nicht konkurrieren konnten. Dies spielte aber damals keine Rolle, da Elektromobile hauptsächlich im Stadtverkehr eingesetzt wurden. Somit war das Elektromobil „[...] dem stinkenden, lärmenden und mit Start- und Regelungsschwierigkeiten geplagten Benzinauto weit überlegen. Es brauchte kein Kühlwasser, das im Winter einfrieren kann, und es drohte bei ihm auch keine Explosionsgefahr. Der damalige Benzinwagen war darüber hinaus eine reine Männersache; den Motor von Hand anzukurbeln war nicht leicht und nicht ganz ungefährlich. Das war besonders in Amerika, wo es von Anfang an schon sehr viele Frauen am Steuer gab, von großer Bedeutung [...]".[14] Um die Jahrhundertwende wurden bereits die ersten Geschwindigkeitsrekorde mit Elektromobilen gebrochen und so fuhr der Belgier CAMILLE JENATZY in Frankreich am 1. April 1899, unter den Augen des französischen Automobilclubs, 105,88 km/h mit seinem Fahrzeug, auch die „elektrische Kanonenkugel auf Rädern" genannt.[15] Mit dem Elektromobil wurden neben Geschwindigkeitsrekorden enorme Reichweiten demonstriert. „So konnte am 2. Juli 1899 ohne Akkumulatoraufladung die Distanz von 135 km zwischen *Paris* nach *Rouen* mit dem Wagen von JEANTAUD überbrückt werden. Am Steuer saß Baron CASSELOUP-LAUBAT."[16] Ein Jahr danach gelang es der französischen *Société des Voitures Electriques et*

13 Vgl. Kloss, Albert (1996), S. 85 ff.
14 Vgl. Kloss, Albert (1996), S. 99
15 Vgl. Billisich, F.R. et. al. (1994), S. 23
16 Vgl. Kloss, Albert (1996), S. 95

Accumulators eine Entfernung von 250 km zurückzulegen. Die Hälfte des Fahrzeuggewichts machte die Batterie aus und entsprechend der Größe der Batterie dauerte das Aufladen sehr lange.[17]

Abbildung 2.3: „Die elektrische Kanonenkugel" auf Rädern von Camille Jenatzy 1899

Quelle: Löser, Reinhard (2009), S. 98

2.2 Historische Zeitwende zu Gunsten des Verbrennungsmotors

Auch wenn das Elektrofahrzeug im Stadtverkehr dem „Benziner" überlegen war, musste irgendwann die schwere Batterie gewechselt und sehr lange geladen werden. FERDINAND PORSCHE hatte die geniale Idee, den Strom im Fahrzeug mit Hilfe eines Generators zu erzeugen, der durch einen Benzinmotor betrieben wurde. Der Generator übertrug den benötigten Strom an den Elektromotor und machte die schwere Batterie überflüssig. Mit diesem neuen Antriebskonzept war das erste Auto mit Hybridantrieb im Jahr 1901 geboren. Das Modell wurde von PORSCHE „Type-mixte" genannt.[18] Somit behauptete sich immer mehr der Motor-Typ mit dem größten Potenzial. In Amerika setzte HENRY FORD auf den Verbrennungsmotor und leitete eine Wende in der Automobilentwicklung ein. Er konstruierte im Jahr 1908 sein „Modell T" und durch konsequente Rationali-

17 Vgl. Kloss, Albert (1996), S. 95 f.
18 Vgl. Billisich, F.R. et. Al. (1994), S. 28

Abbildung 2.4: Erstes Serien-Hybridfahrzeug – Der Lohner-Porsche von 1901

Quelle: Löser, Reinhard (2009), S. 98

sierung und Normung konnten bis zum Jahr 1927 rund 15 Millionen Fahrzeuge abgesetzt werden.[19] Der Anfang vom Ende für das Elektromobil wurde durch den Cadillac Baujahr 1912 „Self Starter“ ausgelöst. Der Mann, der für das Schicksal des Elektrofahrzeugs letztendlich verantwortlich war hieß CHARLES KETTERING. Er hatte den „Selbst Starter“ erfunden. So musste man die Benzinwagen nicht mehr mit einer schweren Kurbel in Gang setzten, sondern startete diesen komfortabel mit einem elektrischen Starter. Das Starten mit der Kurbel wies gewisse Risiken auf. Arm-, wie auch Fingerbrüche waren aufgrund des unvermittelten Rückschlags an der Tagesordnung. KETTERING wurde in seiner Forschung durch den Generaldirektor der Firma Cadillac unterstützt, denn sein bester Freund wurde damals vom Zurückschlagen der Kurbel tödlich verletzt. Viele, die bisher vom Kauf eines Benzinwagens abgehalten wurden, entschieden sich nun doch für den stärkeren, schnelleren und vielseitigeren Verbrennungsmotor. Das Elektrofahrzeug hatte über Nacht aus Sicht der Konsumenten seinen wichtigsten Vorteil gegenüber der Benzindroschke eingebüßt und endgültig den Kampf um die Vorreiterstellung verloren. CHARLES KETTERING gründete die Tochterfirma *Dayton Engineering Laboratories* von GM, heute der Firma AC-Delco.[20]

19 Vgl. Wasserrab, Theodor (1972), S. 77
20 Vgl. Billisich, F.R. et. al. (1994), S. 32 f.

Abbildung 2.5: Henry Ford's T-Modell in der Massenproduktion

Quelle: http://www.abendblatt.de/multimedia/archive/00227/ford12_HA_Wirtschaf_2274 75b.jpg (Zugriff: 15.12.2009)

In den nächsten Jahrzenten wurde es stiller um das Elektroauto. 1921 wurde der Verdrängungsprozess von Elektromobilen auf den Straßen, durch den Ausbau von Autobahnen zusätzlich begünstigt. Es war nun möglich mit einem Benzinwagen große Entfernungen auf qualitativ guten Straßen problemlos zu überwinden. Der Hauptnachteil des Elektroautos kam hier besonders zur Geltung: Die Reichweite von unter 100 km. Während des Zweiten Weltkriegs von 1939 bis 1945 und der Ölkrise im Jahr 1973 war das Elektroauto aufgrund von hohen Ölpreisen und der Abhängigkeit von Ölimporten eine interessante Alternative. Im Jahr der Ölkrise kam die Sorge um die zunehmende Luftverschmutzung hinzu. So wurde der Entwicklung des Elektromobils wieder mehr Aufmerksamkeit geschenkt.

Es war das Zeitalter der guten Absichtserklärungen, Entwicklungsprogramme, Konferenzen, Experimente und Versuche. Dies hatte zur Folge, dass der amerikanische Kongress im Jahr 1976 den „Electric Vehicle Research, Development and Demonstration Act“ verabschiedete, mit dem Ziel von zehn Millionen Elektrofahrzeugen im Straßenverkehr bis zum Jahr 2000. In Brüssel wurde später im Jahr 1982 von elf europäischen Ländern eine Absichtserklärung über die gemeinsame Forschung an Elektro-Straßenfahrzeugen verabschiedet.[21] Auch hier haben staatliche Grundsatzvereinbarungen nicht den erwünschten Durch-

21 Vgl. Kloss, Albert (1996), S. 119 ff.

Abbildung 2.6: Förderung von Elektrofahrzeugen im Zweiten Weltkrieg 1941

Quelle: Kloss, Alber (1996), S. 129

bruch herbeiführen können und so fristet das Elektromobil bis heute ein Nischendasein. Eine mögliche Erklärung findet sich im folgenden Zitat, aus einem technischen Artikel über Elektroautos von 1900:

„Der Benzinwagen verdankt seinen Erfolg nur der grossen Leichtigkeit seiner Wiederverproviantierung und der enormen, in einem Liter Benzin ruhenden Kraft“[22]

Nach dem Paradigmenwechsel zu Gunsten des Verbrennungsmotors gab es immer wieder Überlegungen, den Straßenverkehr zu elektrifizieren. Die drohende Verknappung und Abhängigkeit von Rohölreserven wirkten hier insbesondere als Katalysatoren. Das Thema Elektromobilität ist erneut entfacht und steht nicht nur auf der Agenda der Automobilhersteller, sondern auch der Energie-

22 Vgl. Billisich, F.R. et. al. (1994), S. 1

Abbildung 2.7: Elektromobile Konzeptfahrzeuge der 70er Jahre; Oben: BMW, Unten: Merceds-Benz Elektrobus

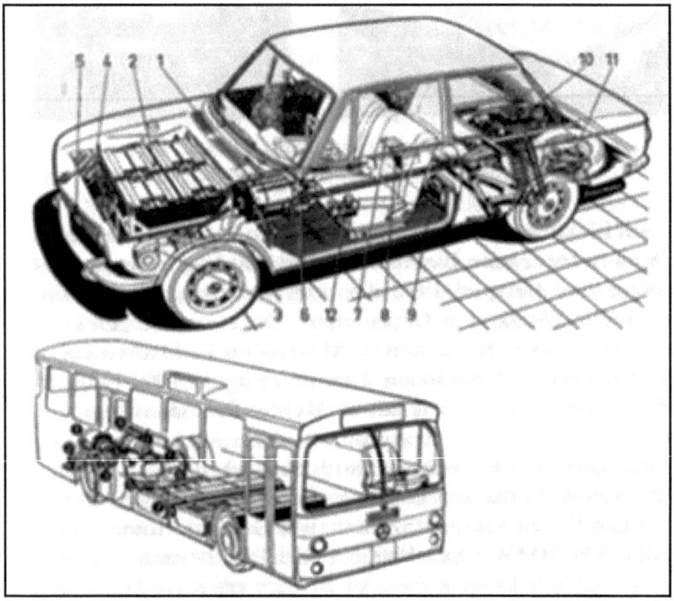

Quelle: Kloss, Albert (1996), S. 123

konzerne und der Bundesregierung. Neben knapper werdenden Erdölreserven, spielen in der aktuellen Entwicklung weitere Treiber eine wichtige Rolle, die in den nachfolgenden Punkten vorgestellt werden.

3 Die Treiber der Entwicklung für Elektromobilität

3.1 Umweltauswirkungen der Automobile

Die Umweltbelastungen durch Automobile mit Verbrennungsmotor sind weitreichend. Neben der Treibhausgasemission Kohlenstoffdioxid (CO_2) auf globaler Ebene, kommen auf lokaler Ebene Schadstoffe wie Stickoxid (NOx), Feinpartikel (PM) und Kohlenwasserstoff (HC) hinzu. Darüber hinaus verursachen Automobile mit Verbrennungsmotor besonders viel Lärm im Straßenverkehr, was eine zusätzliche Belastung für die Bevölkerung darstellt. Die Konzentration dieser Schadstoffe auf lokaler Ebene treten vermehrt in großen Ballungsräumen mit hoher Verkehrsdichte auf. Die lokalen Umweltbelastungen wirken daher zusätzlich als Treiber für alternative Antriebe.[23]

Das Treibhausgas CO_2 ist heute nach wissenschaftlichen Erkenntnissen für die Erderwärmung und den daraus resultierenden Klimawandel mitverantwortlich. Bei der Verbrennung fossiler Energieträger, wie Öl, Kohle und Gas wird zusätzlich CO_2 freigesetzt. Klimawirksame Gase,[24] wie CO_2 besitzen die Eigenschaft kurzwellige Strahlung leichter durchzulassen als langwellige Strahlung. Das hat zur Folge, dass einfallende kurzwellige Sonnenstrahlen auf die Erde treffen und als langwellige Wärmestrahlen von der Erdoberfläche reflektiert werden. Trifft nun ein langwelliger Wärmestrahl auf ein klimawirksames Gas, wird es wieder Richtung Erdoberfläche zurückreflektiert.[25] Es kommt zur globalen Erderwärmung und man spricht vom Treibhauseffekt. Der Treibhauseffekt ist ein natürlicher und notwendiger Prozess. Wären keine natürlichen klimawirksamen Gase in der Atmosphäre, würden Temperaturen von etwa -18 Grad Celsius herrschen. Es geht hierbei ausschließlich um die vom Menschen zusätzlich ausgestoßenen klimawirksamen Gase, entgegen den natürlichen Prozessen in der Natur, also dem *anthropogenen Treibhauseffekt*.[26]

---

23 Vgl. Wallentowitz, Henning et. al. (2010): Strategien zur Elektrifizierung des Antriebsstranges, S. 12

24 Vgl. Quaschning, Volker (2008), S. 49: Weitere Klimawirksame Gase im Vergleich zu CO_2 sind: Wasserdampf, Methan (CH□), Fluorkohlenwasserstoffe (FKW), Fluorchlorkohlenwasserstoffe (FCKW), Erdnahes Ozon (O□), Lachgas (N^2O)

25 Vgl. Wallentowitz, Henning et. al. (2010), S. 4

26 Vgl. Quaschning, Volker (2008), S. 43

Abbildung 3.1: Der anthropogene Treibhauseffekt – Ursachen und globale Folgen

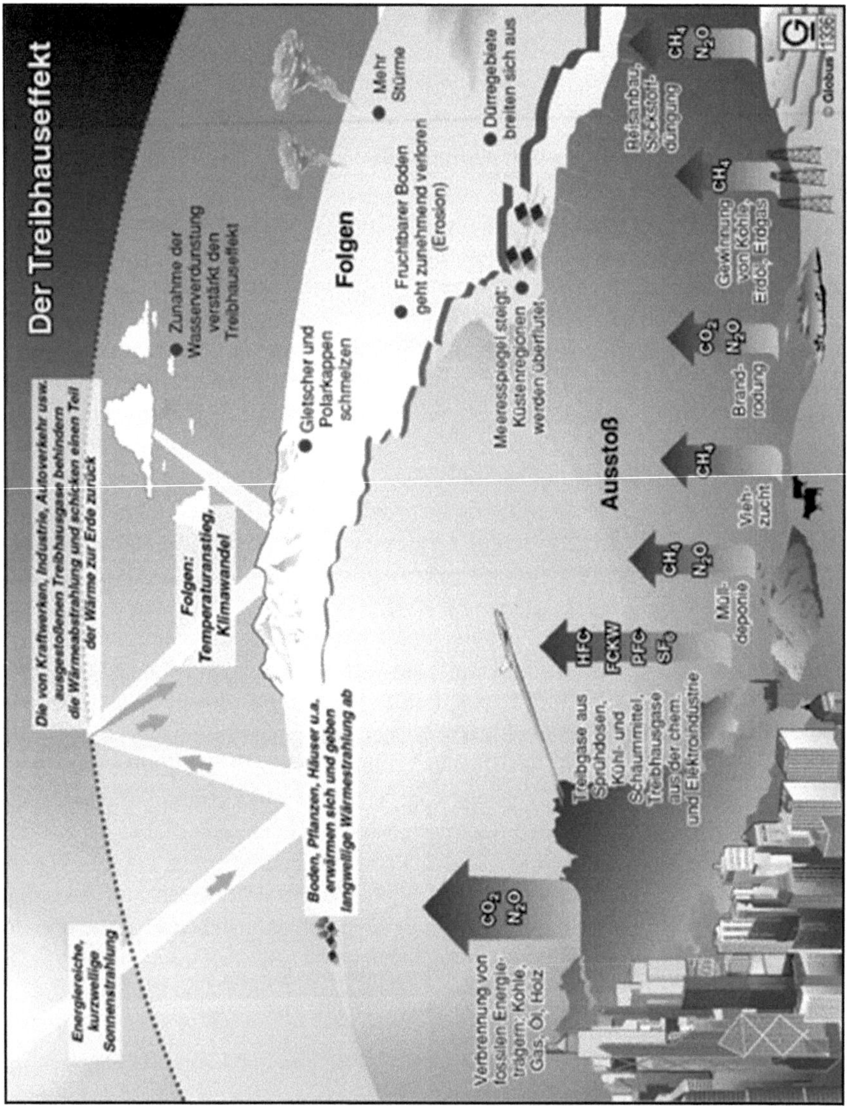

Quelle: Bundeszentrale für politische Bildung: http://www.bpb.de/cache/images/ BOEG2Z_595x468.jpg (Zugriff: 14.11.2009)

Der Klimawandel macht sich bereits bemerkbar. Mit den steigenden Temperaturen nehmen die Wetterextreme zu. Der *anthropogene Treibhauseffekt* hat zur Folge, dass die Polarkappen schmelzen, wodurch der Meeresspiegel steigt und sich die Meeresströme verändern (Vgl. Abbildung 3.1). Dies hat somit nicht nur die Überflutung von Küstenregionen, sondern auch die Veränderung des Klimas in verschiedenen Regionen der Erde zur Folge. Die Veränderung der Meeresströmungen bspw. führen zu einer Häufung starker Stürme. Es gibt mehr Dürren, wodurch fruchtbarer Boden aufgrund von Erosion verloren geht.[27] So führen heftigere Stürme, stärkere Regenfälle, häufiger auftretende Überschwemmungen und Hochwasser zu vermehrten Schadensfällen. Abb. 3.3 veranschaulicht die Zunahme von volkswirtschaftlichem Gesamtschaden und versicherten Schadensfällen, die aufgrund von Naturkatastrophen zustande gekommen sind. Abb. 3.2 bildet das Gegenstück und zeigt parallel die Zunahme des CO_2-Ausstoß und Temperaturanstieg im selben Zeitraum. Somit ist festzustellen, dass eine Korrelation zwischen Anstieg des CO_2, der globalen Temperaturen und dem Anstieg von klimabedingten Naturkatastrophen vorliegt.

Abbildung 3.2: Anthropogener Ausstoss von CO_2 in Mill. Tonnen (MT) und globale Temperaturänderung im Zeitraum von 1860 bis 2000

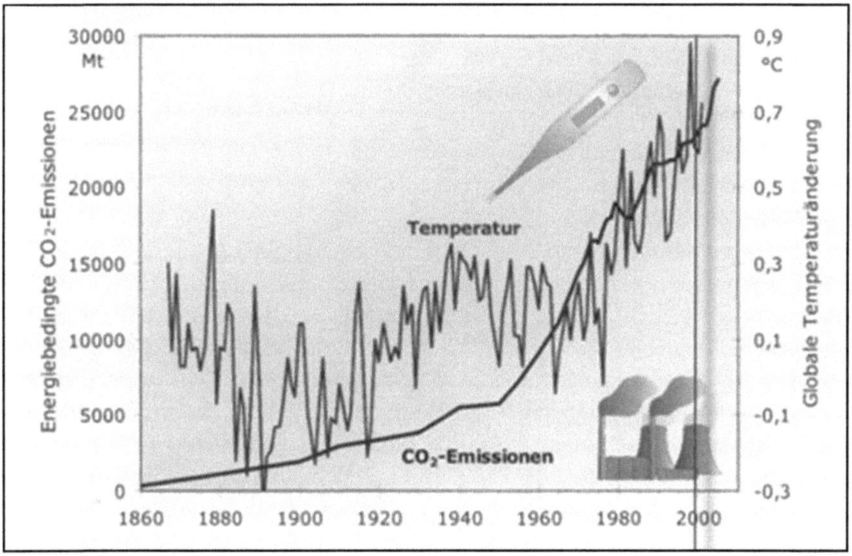

Quelle: Quaschning, Volker (2008), S. 47

27 Vgl. Quaschning, Volker (2008), S. 53 ff.: wie auch Abb. 3.1

Abbildung 3.3: Schadenshöhe in Mrd. € bedingt durch Naturkatastrophen von 1950 bis 2005

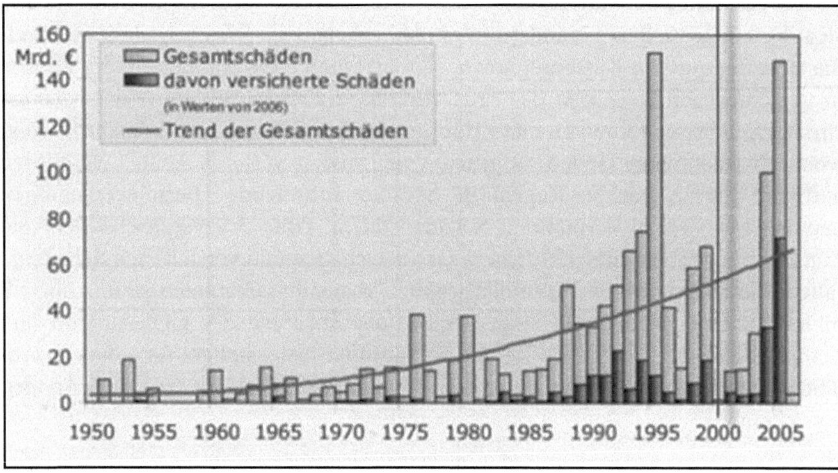

Quelle: Quaschning, Volker (2008), S. 41/ Münchener Rückversicherungs-Gesellschaft

„Um gravierende Folgen des Klimawandels zu vermeiden, muss die Erderwärmung dauerhaft auf maximal 2 Grad Celsius (°C) gegenüber dem vorindustriellen Niveau begrenzt werden. Dafür müssen die Treibhausgasemissionen bis zum Jahr 2050 weltweit auf die Hälfte der Emissionen des Jahres 1990 sinken. Das bedeutet für die Industriestaaten, also auch für Deutschland, dass sie bis Mitte dieses Jahrhunderts ihre Treibhausgasemissionen um 80 Prozent (%) bis 95 % gegenüber 1990 mindern müssen.“[28]

Der *International Panel on Climate Change* (IPCC) hat in seinem Report 2007 bekannt gegeben, dass die Erderwärmung bereits um 0,7 °C im Vergleich zum vorindustriellen Niveau zugenommen hat. Es ist davon auszugehen, dass die Erderwärmung je Dekade um 0,2 °C zunehmen wird, bei gleichbleibendem Ausstoß von Treibhausgasemissionen. Schätzungen des *IPCC* Report 2007 zur Folge wird sich die Temperatur insgesamt um 2 °C – 4,5 °C in Zukunft erhöhen.[29] Neuesten Schätzungen zur Folge, könnte die globale Durchschnittstemperatur im Zeitraum von 1990 bis 2100 auf bis zu 5,8 °C ansteigen.[30]

Die Erkenntnisse um die Ursachen und Folgen des Klimawandels verdeutlichen, wie dringend Handlungsbedarf besteht, CO_2-Emissionen zu reduzieren. Da

28 Vgl. Klaus, Thomas et. al. (2009), S. 3
29 Vgl. International Panel on Climate Change (2007), S. 12
30 Vgl. o. V. (2002)

der Verkehrssektor 20 % und speziell die PKW 12 % der CO_2-Emissionen in Deutschland ausmachen, steckt hier ein enormes Potential zur Reduzierung. Darüber hinaus ist der Verkehrssektor fast zu 100 % abhängig vom Erdöl. Diskussionen um Alternativen, wie verflüssigtes Erdgas (GtL) und verflüssigte Kohle (CtL) als Treibstoff sind keine Alternative, denn diese weisen aufgrund höherer CO_2-Emissionen eine schlechtere CO_2-Bilanz vor. Es ist zwar zu beobachten, dass die CO_2-Emissionen von Automobilen seit Ende der 1990er Jahre sinken, jedoch kann die zuletzt günstige Entwicklung von energieeffizienteren und kraftstoffverbrauchsreduzierten Automobilen nicht an die Gesamtperformance anderer Sektoren seit 1990, dem Kyoto-Basisjahr, anknüpfen. Somit ergibt sich weiterhin für die Automobilindustrie die Möglichkeit der nachhaltigen Gestaltung ihrer Automobile und demzufolge ihren Nachhaltigkeitszielen nachzukommen.[31]

Abbildung 3.4: Wertschöpfungskette Treibstoffherstellung

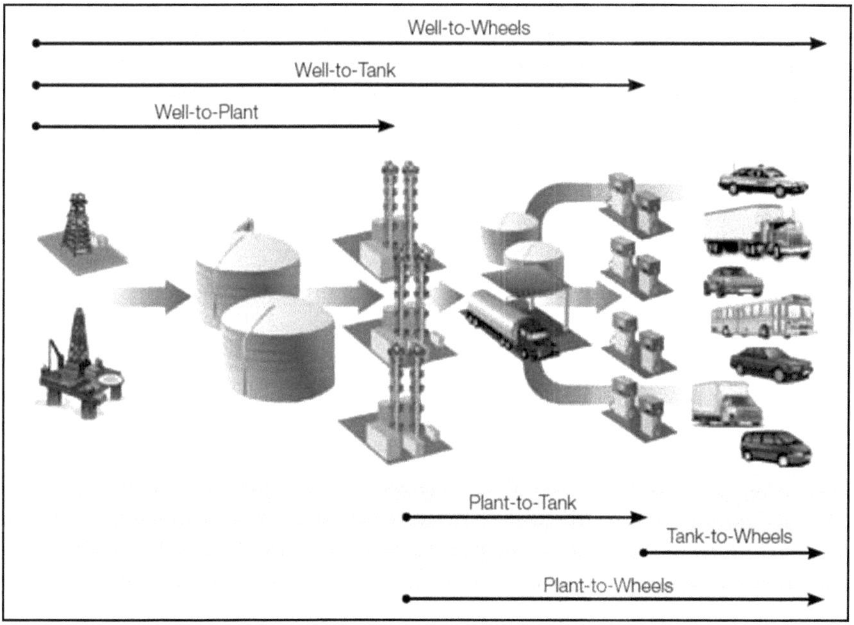

Quelle: Kendall, Gary (2008) S. 81

31 Vgl. Adolf, Jörg; Huibers, Reno (2009), S. 55

Die CO_2 Emissionen können auf unterschiedliche Art und Weise ermittelt werden. In der Regel werden die im Fahrzeug direkt erzeugten Emissionswerte angegeben, also *Tank-To-Wheels*. Die tatsächlichen Emissionen dürften jedoch wesentlich höher liegen, wenn man die gesamte Wertschöpfungskette von der Treibstoffproduktion bis hin zur Umwandlung in Bewegungsenergie im Verbrennungsmotor einbezieht. Es kann daher nur eine *Well-To-Wheels*-Betrachtung eine sinnvolle Aussage über die PKW bedingten CO_2-Emissionen liefern und würde zugleich die Situation verschärfen.[32]

Bezieht man den *China Factor* in die Überlegungen mit ein, ergibt sich ein noch beunruhigenderes Bild. Im Jahr 2006 waren 22 Millionen PKW auf Chinas Straßen unterwegs. Ein Jahr später, wurden 6,4 Millionen PKW verkauft. Wenn die Entwicklung in China unverändert weiter geht, sind bis zum Jahr 2030 in etwa 250 Millionen PKW in China zugelassen. Folglich würden die durch PKW ausgestoßenen Emissionen enorm ansteigen.[33]

Insgesamt ist die Belastung nicht nur auf globaler, sondern auch der lokalen Ebene sehr hoch. Schadstoffe wie NOx und PM lösen Atemwegerkrankungen, wie Asthma aus und verstärken Allergien.[34] Besonders die bei unvollständiger Verbrennung von Treibstoff entstehenden polyzyklisch aromatischen Kohlenwasserstoffe (PAK) sind gesundheitsgefährdend, da diese krebserregend sind, das Erbgut beschädigen können, die Fortpflanzung und die Entwicklung von Ungeborenen beeinträchtigen.[35] Für viele Menschen jedoch steht Lärm als Umweltproblem an erster Stelle. „Circa 20 % der Deutschen fühlen sich durch Industrie- und Gewebelärm, rund 50 % durch Fluglärm und etwa 80 % durch den Lärm, der vom Straßenverkehr verursacht wird, belästigt. Mehr als 40 % der deutschen Bevölkerung hält Lärm sogar für gesundheitsschädlich“.[36] Lärm ist tatsächlich ein ernst zu nehmendes Problem, da es ein Stressfaktor darstellt und zu gravierenden Gesundheitsbelastungen führen kann.

Aufgrund der Umweltauswirkungen von Automobilen und den Folgen für den Menschen, haben sich die Anforderungen der Kunden entsprechend geändert. In der Vergangenheit dominierten neben dem Kostenaspekt, die Leistung, das Design und das Image den Fahrzeugkauf. In den letzten Jahren ist jedoch ein Wechsel zu Gunsten der Umweltverträglichkeit von Fahrzeugen zu beobachten. So rangiert der Umweltaspekt nicht mehr auf dem letzten, sondern immerhin auf dem fünften Rang.

32 Vgl. Engel, Tomi (2007), S. 42 f.
33 Vgl. Kendall, Gary (2008), S. 76
34 Vgl. Blum, Martin (2008)
35 Vgl. Bundesamt für Gesundheit Schweiz (2008)
36 Vgl. Gerlach, Dieter (2008), S. 7

Tabelle 3–1: Rangfolge der Kundenpräferenzen beim Fahrzeugkauf

Kundenanforderungen in Europa und den USA	
1. Zuverlässigkeit	5. Umweltverträglichkeit
2. Sicherheit	6. Design
3. Preis-Leistungsverhältnis	7. Service
4. Gesamtkosten	8. Markenprestige

Quelle: Eigene Darstellung in Anlehnung an: Wallentowitz, Henning et. al. (2010), S. 22

Die Kaufentscheidung wird durch das Umdenken in großem Maße beeinflusst. Es fordert die Hersteller von Automobilen auf, eine Anpassung ihrer Produktstrategie vorzunehmen. So müssen die Automobilhersteller vermehrt den Fokus auf die Entwicklung umweltfreundlicher Fahrzeugmodelle richten, um den Anforderungen des Marktes gerecht zu werden. Verdeutlicht wird das in Tabelle 3–2, hier würden 80 % der befragten Kunden den ökologischen Aspekt in ihrer Kaufentscheidung stärker berücksichtigen.

Tabelle 3–2: Auswirkung des Wechsels im Kundendenken auf das Käuferverhalten

Paradigmenwechsel im Kundendenken
Beim nächsten Fahrzeugkauf beabsichtigen
• 80 % der Kunden, den ökologischen Aspekt stärker zu berücksichtigen
• 30 % der Kunden, auf einen umweltfreundlicheren Antrieb zu wechseln
• 18 % der Kunden, das Öko-Modell einer Baureihe zu erwerben
• 12 % der Kunden, ein Fahrzeug mit kleinerer Motorisierung zu erwerben

Quelle: Eigene Darstellung in Anlehnung an: Wallentowitz, Henning et. al. (2010), S. 23

3.2 Ressourcenverfügbarkeit

Die eingeschränkte Verfügbarkeit fossiler Rohstoffe stellt den nachhaltigsten Treiber der Entwicklung alternativer Antriebskonzepte dar. Darüber hinaus ist der eingeschränkte Zugang zu fossilen Ressourcen, insbesondere Öl, ein weiteres Problem.[37] Deswegen streben die großen Industrienationen energiepolitische

37 Vgl. Wallentowitz, Henning et. al. (2010), S. 24

Unabhängigkeit an. So genießt die nationale Energieversorgung höchste Priorität, wobei die Ölversorgung an erster Stelle steht. Die Diskrepanz ergibt sich zwischen dem Bedarf einer Nation einerseits und den eigenen Ressourcen andererseits. Das Bedürfnis nach energiepolitischer Unabhängigkeit ist auf die geologische Verteilung der Ressourcen zurückzuführen, denn 60 % der Ölhauptvorkommen konzentrieren sich auf Gebiete des Nahen Ostens. Die Öl Im- und Exporte in Tabelle 3–3 verdeutlichen die Abhängigkeit der Industrienationen von den Ländern aus dem Nahen Osten.

Tabelle 3–3: Öl Im- und Exporte Stand 2008

Öl Im- und Exporte 2008 [in Millionen Tonnen]					
	Importe			**Exporte**	
1.	Europe	680.9	1.	Middle East	1000.7
2.	US	636.6	2.	Former Soviet Union	404.8
3.	Asia Pacific	345.7	3.	North & West Africa	390.2
4.	Japan	244.2	4.	South & Cent. America	178.3
5.	China	217.8	5.	Canada	123.6

Quelle: Eigene Darstellung / Datenquelle: BP (2009), S. 20

Vor allem Industrienationen sind auf eine ausreichende Deckung ihres Ölbedarfs angewiesen, da Öl allgemein als Grundlage für wirtschaftliches Wachstum gilt.[38] Daher stellen politische Instabilitäten eine besondere Gefahr dar und wirken sich kurzfristig stark auf den Preis aus.

Unabhängig von der Notwendigkeit Öl importieren zu müssen, ist global der Bedarf die letzten Jahrzehnte kontinuierlich gestiegen, besonders stark in den sogenannten *emerging markets* seit den 1990er Jahren. Zu den *emerging markets* gehören China und Indien, die ihren Bedarf in dieser Zeit mehr als verdoppelt haben. Besonders China konnte in den vergangenen Jahren ein Wirtschaftswachstum von über 10 % jährlich aufweisen. Das wiederum ging mit einem entsprechend steigenden Ölbedarf einher. Aufgrund des stark gestiegenen Ölbedarfs weltweit und den begrenzten Ressourcen, wurde Ende 2006 die kritische Marke erreicht, die man *Peak Oil* bezeichnen könnte. Die Fachwelt ist sich nicht einig über das Erreichen dieses kritischen Punktes, wobei die „[…] Tatsache, dass die weltweite Ölförderung im ersten Quartal 2008 erstmals seit Jahrzehnten

38 Vgl. Wallentowitz, Henning et. al. (2010), S. 32

rückläufig war, hat in Kombination mit den stark steigenden Ölpreisen der These zu vermehrter Aufmerksamkeit verholfen, dass der *Peak Oil* bereits heute erreicht ist [...]. Dieser bezeichnet den Zeitpunkt, bei dem die weltweite jährliche Ölfördermenge ihr Maximum erreicht.“[39]

Abbildung 3.5: Globaler Ölbedarf in Millionen Barrel / Tag von 1983 – 2008

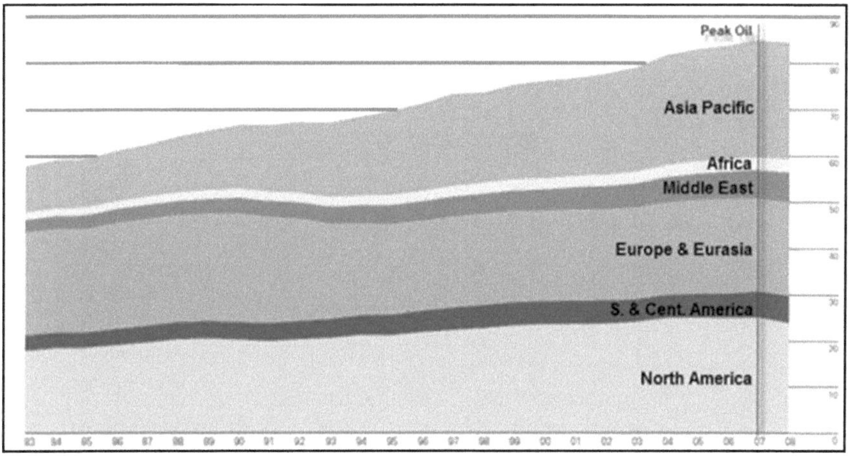

Quelle: BP (2009), S. 13

Aufgrund der hohen Dynamik der *emerging markets* ist eine Schätzung des zukünftigen Wirtschaftswachstums und dem steigenden Bedarf an Öl kaum möglich. Am Beispiel China kann man davon ausgehen, dass in den nächsten zehn Jahren die Wirtschaft weiter anwächst. Besonders wenn man die Entwicklung des Automobilmarktes, also den *China Factor*, berücksichtigt.

Das Gesetz von Angebot und Nachfrage, die steigenden Kosten für die aufwendigere Ölförderung bei zunehmender Ausbeutung der Ölfelder, sowie Ölbedarf und Ressourcenknappheit führen zukünftig zwangsläufig zu steigenden Ölpreisen. Das Öl und somit auch der Preis für Treibstoff, werden in Zukunft nur noch in eine Richtung gehen, den Weg nach oben. Der nachfolgenden Abbildung 3.6 kann man die Ölpreisentwicklung seit 1961 entnehmen. Hier fallen besonders die Ölkrisen 1973 und 1979 auf, wie auch die nachfolgenden Kriege im Nahen Osten. Abgesehen davon, ist ab der Ölkrise 1973 eine dauerhafte Tendenz des Ölpreises nach oben zu erkennen.

39 Vgl. Wallentowitz, Henning et. al. (2010), S. 28 ff.

Abbildung 3.6: Ölpreisentwicklung von 1861 bis 2008

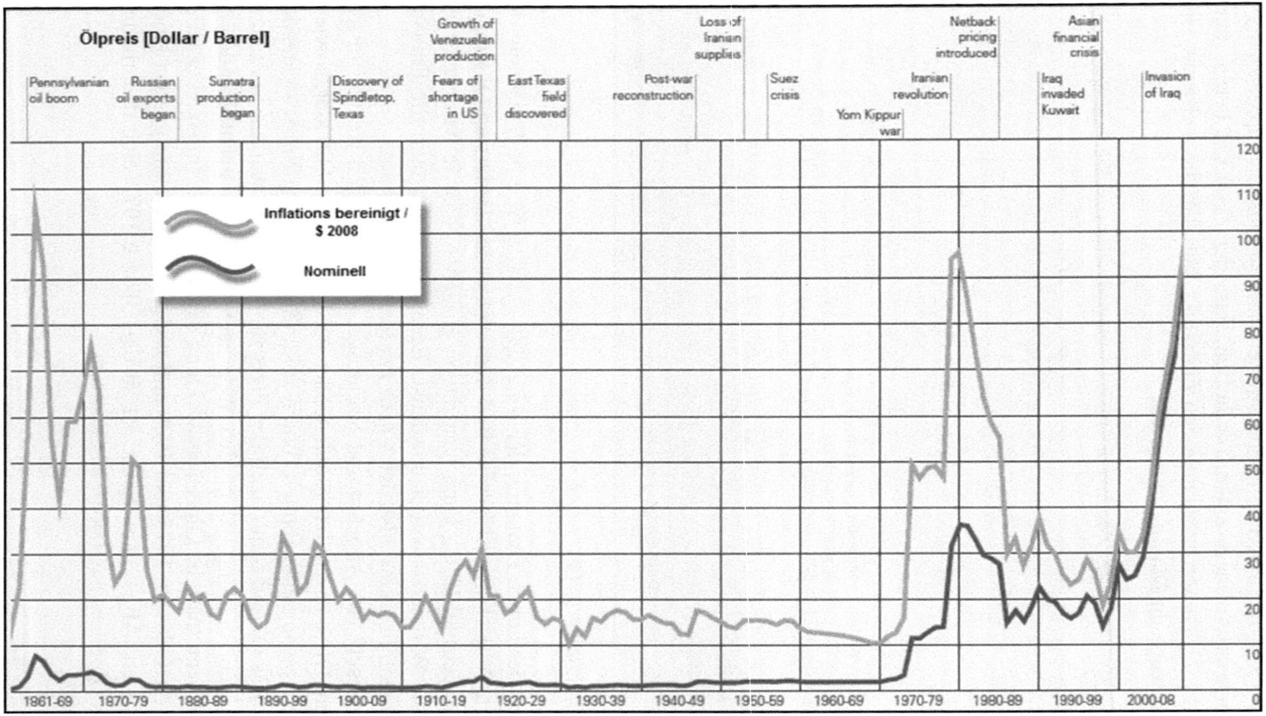

Quelle: BP Statistical Review of World Energy 2009, S. 16

Das Bundeswirtschaftsministerium (BMWi) und der Ölkonzern British Petrol (BP) schätzen bei gegenwärtiger Förderung die Reichweite für Kohle auf rund 150 Jahre, für Erdgas auf 62 Jahre, für Erdöl auf 42 Jahre und für Uran auf 67 Jahre.[40] Die zusätzliche Ölgewinnung aus Ölsand, Schwerstöl und Ölschiefer sind für die Ölkonzerne erst rentabel, wenn der Ölpreis hoch und dadurch die Kosten der Ölgewinnung gedeckt werden. Somit ist davon auszugehen, dass bei zusätzlicher Gewinnung von Öl aus alternativen Quellen, der Preis zukünftig ein hohes Niveau beibehalten wird, auch wenn zusätzliche Ressourcen geschaffen werden.[41]

FATIH BIROL, Chefökonom der Internationalen Energie-Agentur (IEA) mit Sitz in Paris, stützt diese Ansichten in einem Zeitungsinterview mit der Aussage: „Ich denke, bis 2020 ist die Versorgung der Welt mit den bekannten Lagerstätten noch einigermaßen gewährleistet. Aber danach müssen wir 20 Millionen Fass pro Tag neues Öl entdecken. Das ist nicht einfach, es hängt von der Öl-Politik und dem Investitionsklima der wichtigsten Förderländer ab. Ich hoffe, dass wir bis dahin Alternativen zum Öl haben, insbesondere bei Transport und Verkehr. Der Kampf gegen den Klimawandel wird uns vermutlich genau jene Techniken bescheren, mit denen wir unsere Abhängigkeit vom Öl in den Griff bekommen."[42]

3.3 Legislative

Die gestiegenen legislativen Anforderungen stellen einen weiteren Treiber der Entwicklung hin zu alternativen Antrieben dar. Im Kern zielen die legislativen Anforderungen auf eine Verbesserung der ökologischen Verträglichkeit von Automobilen ab.[43] „Dabei setzten die Regierungen einen breiten Instrumentenmix ein. So sind die Mineralölsteuern sowie die Kfz-Steuern in der EU auch ökologisch motiviert. Die Katalysatorpflicht, die Ende der 1980er Jahre in einigen EU-Ländern eingeführt wurde, sowie die schrittweise verschärften Abgasnor-

---

40 Vgl. Brake, Matthias (2009), S. 10:
Kohle, Erdgas, Uran werden hier als Energieträger mit aufgeführt, da die Möglichkeit besteht aus Kohle „CTL" und Gas „GTL" als Komplementär Treibstoff herzustellen. Darüber hinaus sind die Ressourcen für die Herstellung von Strom von Bedeutung, also den Treibstoff für Elektromobile.

41 Vgl. Wallentowitz, Henning et. al. (2010), S. 27

42 Vgl. Schlandt, Jakob(2009), S. 11

43 Vgl. Wallentowitz, Henning et. al. (2010), S. 3

men (Euro 1 bis Euro 6) zielen auf geringere Schadstoffemissionen (z.B. SO_2 und HC) der Fahrzeuge ab.“[44]

Abbildung 3.7: Umweltzone Regelung nach Schadstoffgruppe und Abgasnorm Euro 1 bis Euro 4 (2=Rot / 3=Gelb / 4=Grün)

Schadstoff-gruppe	1	2	3	4
Plakette:	keine Plakette			
Anforderung für Diesel	Euro 1 oder schlechter	Euro 2 od. Euro 1+ Partikelfilter	Euro 3 od. Euro 2+ Partikelfilter	Euro 4 od. Euro 3+ Partikelfilter
Anforderung für Benziner	ohne geregeltem Kat			Euro 1 mit geregeltem Kat oder besser

Quelle: Umweltbundesamt (2007)

Besonders die lokal gestiegenen Konzentrationen an Feinstaub wirken sich negativ auf die Gesundheit aus und sollen durch diese Maßnahme reduziert werden. Im Fokus stehen dabei Dieselfahrzeuge, da diese im Wesentlichen für den Feinpartikelausstoß verantwortlich sind.

Hierzu wurden in mehren Städten, wie Berlin, Stuttgart, Düsseldorf oder München Umweltzonen eingerichtet, in denen ein Fahrverbot für Fahrzeuge mit schlechter Schadstoffklassifizierung besteht. Jedes Fahrzeug wird in Abhängigkeit seiner Emissionswerte einer Schadstoffgruppe zugeordnet und enthält entsprechend seiner Zuordnung eine der drei Umweltplaketten rot, gelb oder grün.[45] Vorwiegend feinstaubgefährdete Gebiete werden mit dem Verkehrskennzeichen *Umweltzone* gekennzeichnet. Am Rand der Umweltzonen wurden Verkehrszeichen aufgestellt. Unter den Verkehrszeichen, werden die Umweltplaketten abgebildet, mit denen ein Fahrzeug durch die Umweltzone fahren darf. Die Plaketten

44 Vgl. Heymann, Eric (2009), S. 2
45 Vgl. Wallentowitz, Henning et. al. (2010), S. 14 f.

wiederum sind den Schadstoffgruppen entsprechend zugeordnet.[46] Es gibt vier Schadstoffgruppen, gekennzeichnet ist die rote Umweltplakette mit der zweiten Schadstoffgruppe, gelb mit der dritten und die grüne mit der vierten Schadstoffgruppe. Zur ersten Schadstoffgruppe gehören ältere Dieselfahrzeuge mit der Abgasnorm Euro 1 oder schlechter, sowie Benzinfahrzeuge ohne geregelten Katalysator. Diese Fahrzeuge haben keinen Zutritt in die Umweltzone und können keine Plakette bekommen. Die Regelungen gelten seit dem 01. März 2007 (Vgl. hierzu Abb. 3.7).[47] Die Fahrverbotsregelungen gelten bevorzugt für Dieselfahrzeuge mit der Abgasnorm Euro 1 und niedriger. Ab dem Jahr 2010 sollen die Regelungen auf die Abgasnorm Euro 2 für Dieselfahrzeuge erweitert werden. Es soll damit eine Aufrüstung der Dieselfahrzeuge mit Rußpartikelfilter auf die nächsthöheren Schadstoffklassen gefördert werden.[48] Darüber hinaus wurde im September 2009 die Abgasnorm Euro 5 eingeführt, wodurch Schadstoffe wie NOx weiter reduziert werden sollen. Ab Januar 2011 gilt diese Regelung für alle Neuwagen. Im September 2014 folgt schließlich die Abgasnorm Euro 6, in der weitere Reduzierungen von Schadstoffemissionen definiert sind und wird dann ab September 2015 für alle Neuwagen relevant.[49]

Die EU-Kommission wirkt mit der Regelung zum CO_2-Ausstoß von PKW weiter auf die Automobilhersteller ein. Im Jahr 1998 hatten sich die Automobilhersteller selbstverpflichtet, den durchschnittlichen CO_2-Ausstoß ihrer Fahrzeuge bis 2008/2009 auf 140 g/km zu reduzieren. Sie konnten ihre Selbstverpflichtung nicht erfüllen und so lag Ende 2008 der durchschnittliche CO_2-Ausstoß noch bei 160 g/km.[50] Dies lag einerseits daran, dass die Automobilhersteller ihre technischen Möglichkeiten nicht voll ausgeschöpft hatten, wie z.B. der Einsatz effizienterer Motoren, neuer Antriebstechnologien oder leichtere Materialien im Fahrzeugbau und andererseits an der Nachfrageseite. Der Wunsch der Kunden nach mehr Sicherheit und Komfort, wie schärfere regulatorische Anforderungen und die Nachfrage nach Oberklasseautos trieben das Gewicht der Fahrzeuge und somit die CO_2-Emissionen in die Höhe.[51] „Als abzusehen war, dass die europäische Automobilindustrie ihr Reduktionsziel verfehlen würde, setzte die EU-Kommission auf verbindliche Vorgaben für die Reduktion des CO_2-Ausstoßes von Neuwagen.“[52] Die *Vorgabe der EU-Kommission*[53] sieht nun vor, dass bis

46 Volkswagen AG (o. J.)
47 Umweltbundesamt (2007), S. 1 f.
48 Vgl. Wallentowitz, Henning et. al. (2010), S. 16
49 Vgl. o. V. (2007)
50 Vgl. Brake, Matthias (2009), S. 60 und Vgl. Heymann, Eric (2009), S. 3
51 Vgl. Heymann, Eric (2009), S. 3
52 Vgl. Heymann, Eric (2009), S. 4
53 Vgl. Europäisches Parlament und Rat (2009)

zum Jahr 2012 die CO_2-Emissionen von 65 % der Neuwagen den Grenzwert von 120 g CO_2/km nicht überschreiten dürfen. Der Wert ergibt sich aus der Reduktion des CO_2-Ausstoßes durch Verbesserung der Technik auf 130 g CO_2/km und einem Abzug von weiteren 10 g CO_2/km durch den Einsatz von Biokraftstoffen und weiteren Ökoinnovationen. Bis zum Jahr 2015 wird stufenweise der Anteil der Neuwagen erhöht, bis schließlich 100 % den Grenzwert nicht mehr überschreiten dürfen. Im Jahr 2020 wird der Grenzwert schließlich auf 95 g CO_2/km reduziert (Vgl. Abb. 3.8). Der durchschnittliche Wert von 120 g CO_2/km und 95 g CO_2/km ist nur als Richtwert zu verstehen. Die Grenzwerte werden für jeden Hersteller spezifisch berechnet. Dieser ergibt sich über das Durchschnittsgewicht der Fahrzeugflotte. Erst bei Überschreitung dieser Grenze müssen die Hersteller mit Strafzahlungen rechnen. Wird die für den Hersteller errechnete Grenze überschritten, so fallen ab 2012 für das erste Gramm 5 €, für das zweite Gramm 15 € und ab 3 Gramm bereits 95 € je neu zugelassenem Fahrzeug an. Ausnahmen gelten hier nur für Nischenanbieter mit einer Absatzzahl von unter 10.000 Stück. Für verbundene Unternehmen in einem Konzern ergibt sich der CO_2-Emissionsgrenzwert aus dem Durchschnittsgewicht der neu zugelassenen Fahrzeuge des Konzerns. Zum Volkswagen Konzern gehören z.B. Skoda, Seat, Audi, sowie zukünftig Porsche.

Abbildung 3.8: Stufenplan zur Reduzierung von CO_2-Emissionen der Europäischen Union

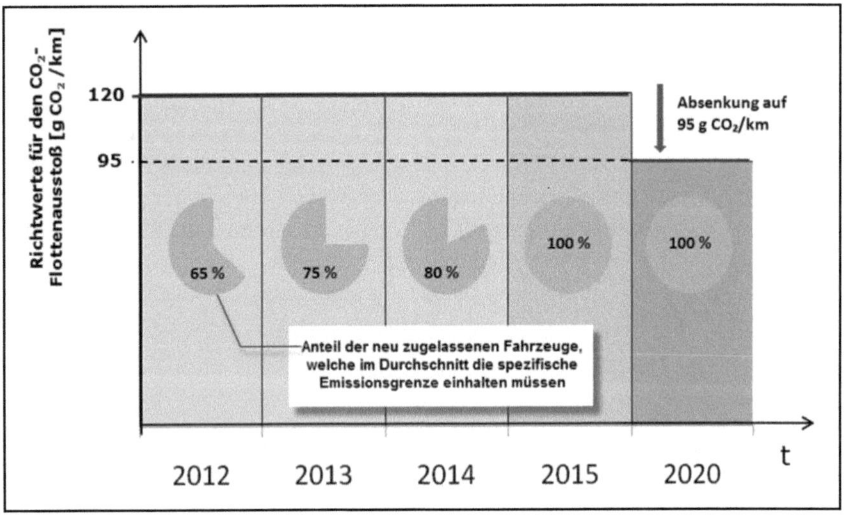

Quelle: Eigene Darstellung in Anlehnung an Wallentowitz, Henning et.al. (2010), S. 6

Berechnet man für die BMW Group die Strafzahlung in 2015 auf Basis der neu zugelassenen Fahrzeuge,[54] dem Leergewicht und dem tatsächlichen CO_2-Ausstoß in 2008, so müsste die BMW Group eine Gesamtstrafe von 1,77 Mrd. € entrichten.[55] Bedenkt man zusätzlich, dass 95 g CO_2 einem Verbrauch von 3,9 Litern Ottokraftstoff oder 3,56 Litern Diesel entsprechen, ist der Druck auf die Autokonzerne aufgrund der Vorgaben durch die EU-Kommission sehr hoch.[56]

Seit dem 1. Juli 2009 müssen Käufer von Neuwagen neben dem Hubraum auch auf den CO_2-Ausstoß ihres Neuwagens achten. Die Kfz-Steuer setzt sich zukünftig aus dem Hubraum und dem CO_2-Ausstoß des Fahrzeugs zusammen. Die Basismenge 120 g CO_2 /km ist steuerfrei, jedes Gramm darüber wird jedoch mit 2 € besteuert. Schrittweise erfolgt auch hier eine Anpassung. Bis 2011 gilt noch die Basismenge von 120 g CO_2/km, ab 2012 und 2013 sind es 110 g CO_2/km und ab 2014 bereits 95 g CO_2/km. Betrachtet man die Berechnung für den Teil bezüglich des Hubraums, so zahlt man für Dieselfahrzeuge je angefangene 100 cm^3 9,50 € und für einen Benziner 2 € je angefangene 100 cm^3. PKW mit der Abgasnorm Euro 6 dagegen erhalten in den Jahren 2011 – 2013 eine Kfz-Steuerbefreiung von 150 Euro. Alle älteren Fahrzeuge mit Erstzulassung vor dem 5. November 2008 werden wie bisher nach Hubraum besteuert, jedoch ab 2013 in die Neuregelung mit einbezogen.[57] Die Steuererhöhung ist für Benziner nicht signifikant, wie folgendes Rechenbeispiel zeigt: „Erhöht sich die Steuer für einen BMW-Benziner der 5er Reihe mit 4799 cm^3 Hubraum und einem CO_2-Ausstoß von 246 g von 324 Euro auf grad mal 348 Euro, während ein dieselbetriebener Ford Focus mit 1560 cm^3 und einem CO_2-Ausstoß von 119 g statt 247 nur noch 152 Euro an Steuern bezahlen muss."[58] Mit der neuen KfZ-Steuer will die Bundesregierung einen Beitrag zum Klimaschutz leisten und folgt der Strategie der Europäischen Union zur Minderung der CO_2-Emissionen. Darüber hinaus werden die Verbraucher für das Thema sensibilisiert und Druck auf die Hersteller über die Nachfrage ausgeübt.

3.4 Technologischer Fortschritt

Die technischen Fortschritte in der Akkumulator-, Elektromotoren- und Getriebetechnik bescheren aktuell dem Thema Elektromobilität vermehrt Aufmerk-

54 Auf die Darstellung der detailierten Berechnung wurde verzichtet
55 Vgl. Wallentowitz, Henning et. al. (2010), S. 6 ff.
56 Vgl. Brake, Matthias (2009), S. 60
57 Vgl. Bundesregierung (2009a)
58 Vgl. Bartels, Tim (2009), S. 9

samkeit.[59] Die größte Entwicklungsdynamik liegt im Bereich der Batterietechnologie. In der näheren Vergangenheit wurde diese durch den Energiebedarf tragbarer elektronischer Geräte, wie Mobiltelefone oder Laptops ausgelöst. Die hier eingesetzten Lithium-Ionen Akkumulatoren (Li-Akkus) lassen sich auch auf größere Systeme, wie dem Elektromobil, übertragen.[60] Mit der Weiterentwicklung der Akkumulatortechnologie werden höhere Energiedichten, schnelleres Aufladen und eine höhere Sicherheit erreicht. Mit Hilfe der Li-Akkus können durch signifikant kleinere und leichtere Batterien, erstmals Reichweiten von Fahrzeugen realisieren werden, die deutlich über den durchschnittlich zurückgelegten täglichen Fahrstrecken der europäischen Bevölkerung liegen.[61] „Der durchschnittliche PKW-Fahrer legt an etwa 80 % der Tage eines Jahres weniger als 40 km zurück."[62]

Was heute schon möglich ist, hat das Unternehmen Tesla aus den USA 2008 mit seinem „Tesla-Roadster" bewiesen. Der „Roadster" ist ein rein mit Strom betriebenes Elektromobil. Für den nötigen Antrieb sorgt ein leistungsstarker Elektromotor, der seinen Strom aus einem Li-Akku bezieht. Das Fahrzeug erreicht in 4 Sekunden eine Geschwindigkeit von 100 km/h und kann maximal mit 210 km/h gefahren werden. Mit einem voll aufgeladenen Li-Akku sind Reichweiten von bis zu 395 km möglich. Tesla hat mit dem seinem Fahrzeug demonstriert, dass Elektromobile alles andere als kleine Fahrzeuge für den Alltagseinkauf sind und in der Leistung mit konventionell betriebenen Automobilen mithalten können. Darüber hinaus zeigt sich, wie fortgeschritten hier die Technik ist und wo die Möglichkeiten liegen.[63]

Eine weitere technische Möglichkeit, die durch die aktuelle Entwicklung der Akkumulatoren realisierbar erscheint, ist das Konzept zur Speicherung und Abgabe von elektrischem Strom aus dem öffentlichen Stromnetz in Elektro- und Plug-in Hybrid-Autos. Genannt wird das Konzept *Vehicle-to-Grid (V2G)*, zu Deutsch etwa „Fahrzeug ans Netz". Fahrzeuge sollen in Zukunft nicht nur Strom aus dem Netz entnehmen, sondern in Zeiten großer Netzlast puffern und bei vorhandener Nachfrage wieder einspeisen. Das kommt besonders den erneuerbaren Energien zugute, da die stark schwankende Leistungsabgabe von Wind- und Sonnenenergie abgefangen und ausgeglichen werden kann.[64] Im Jahr 2007 betrug die EEG-Stromerzeugung[65] 87,5 Terra Watt Stunden (TWh) und soll weiter auf 132 TWh in 2015, 171 TWh in 2020, 242 TWh im Jahr 2030 erhöht wer-

59 Vgl. Gerlach, Dieter (2008), S. 11
60 Vgl. Neupert, Ulrik et. al. (2009), S. 177
61 Vgl. Wallentowitz, Henning et. al. (2010), S. 2
62 Vgl. Gerlach, Dieter(2008), S. 7
63 Vgl. Kendall, Gary (2008), S. 114
64 Vgl. Brake, Matthias (2009), S. 18
65 Strom aus dem Erneuerbaren Energien Gesetz (EEG)

den.[66] Mit steigendem Anteil des elektrischen Stroms aus erneuerbaren Energien bietet das Konzept eine bedeutsame Basis für den weiteren Ausbau der regenerativen Energieversorgung. Bis das Konzept im großen Stil in der Praxis angewendet werden kann gibt es noch einige Fragen zu klären. Mit der gegenwärtigen Entwicklung ist ein Schritt in diese Richtung getan.[67]

3.5 Übersicht über die Treiber und Wirkungszusammenhänge

Abschließend lassen sich die Wirkungszusammenhänge und Treiber der Entwicklung Elektromobilität in Abb. 3.9 zusammenfassend darstellen. Man kann

Abbildung 3.9: Treiber Elektromobilität und Wirkungszusammenhänge

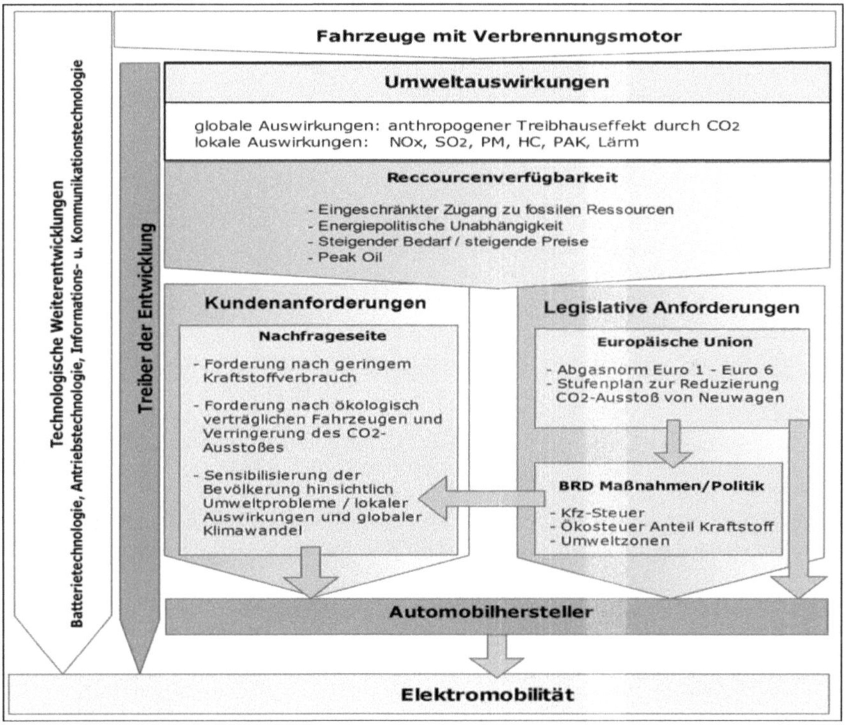

Quelle: Eigene Darstellung

66 Vgl. Bundesministerium für Umwelt, Naturschutz und Reaktorsicherheit (2008), S. 13

67 Vgl. Brake, Matthias (2009), S. 18

der Abbildung entnehmen, dass der Staat und die Kunden Druck auf die Automobilhersteller ausüben. Begleitet wird die gesamte Entwicklung durch technologische Weiterentwicklungen. Übergeordnet stehen die Umweltauswirkungen, ausgelöst von konventionell betriebenen Fahrzeugen.

4 Theoretische Grundlagen Elektromobilität

4.1 Definition und Abgrenzung Elektromobilität

Vor dem Einstieg in das Themengebiet der Technik von Elektrofahrzeugen, ist eine Abgrenzung von konventionell angetriebenen Fahrzeugen notwendig. Es soll außerdem aufgezeigt werden, wo gemeinsame Schnittstellen bestehen. Daraus ergibt sich eine mögliche Definition von Elektromobilität.

Grundsätzlich benötigt ein Elektrofahrzeug, sowie ein konventionell betriebenes Fahrzeug, Energie. Sie kann aus erschöpflichen und unerschöpflichen Quellen stammen. Die Umwandlung des Energieträgers in Fahrenergie erfolgt bei einem konventionell betriebenen Fahrzeug im Verbrennungsmotor durch Verbrennung des Treibstoffs.[68] Bei einem Fahrzeug mit Elektroantrieb, wird die elektrische Energie extern bereitgestellt und nach einer Zwischenspeicherung im Fahrzeug bei Bedarf im Elektromotor in Fahrenergie umgewandelt. Nachfolgende Abbildung 4.1 gibt Aufschluss über die Prozesskette von der Primären- bis zur Fahrenergie, aus erschöpfbaren und unerschöpflichen Quellen.

Definition Elektromobilität im Kontext der Arbeit

Elektromobilität umfasst alle Fahrzeuge, die elektrisch oder nur teilweise mit elektrischer Energie bewegt werden. Hierbei kann die Bewegung des Fahrzeugs hauptsächlich von einem Verbrennungsmotor oder von einem Elektromotor erfolgen.

Zu dem Begriff Elektromobilität gehören somit „rein" elektrisch betriebene Elektrofahrzeuge, als auch Hybridfahrzeuge. Im Kontext dieser Arbeit wird der Begriff „Elektromobilität" auf Straßenfahrzeuge begrenzt. Hierbei handelt es sich insbesondere um PKW.[69]

---

68 Vgl. Klauke, Dominik (2009a), S. 3

69 Vgl. Bundesregierung (2009b), S. 6

Abbildung 4.1: Prozesskette von Primär- zur Fahrenergie

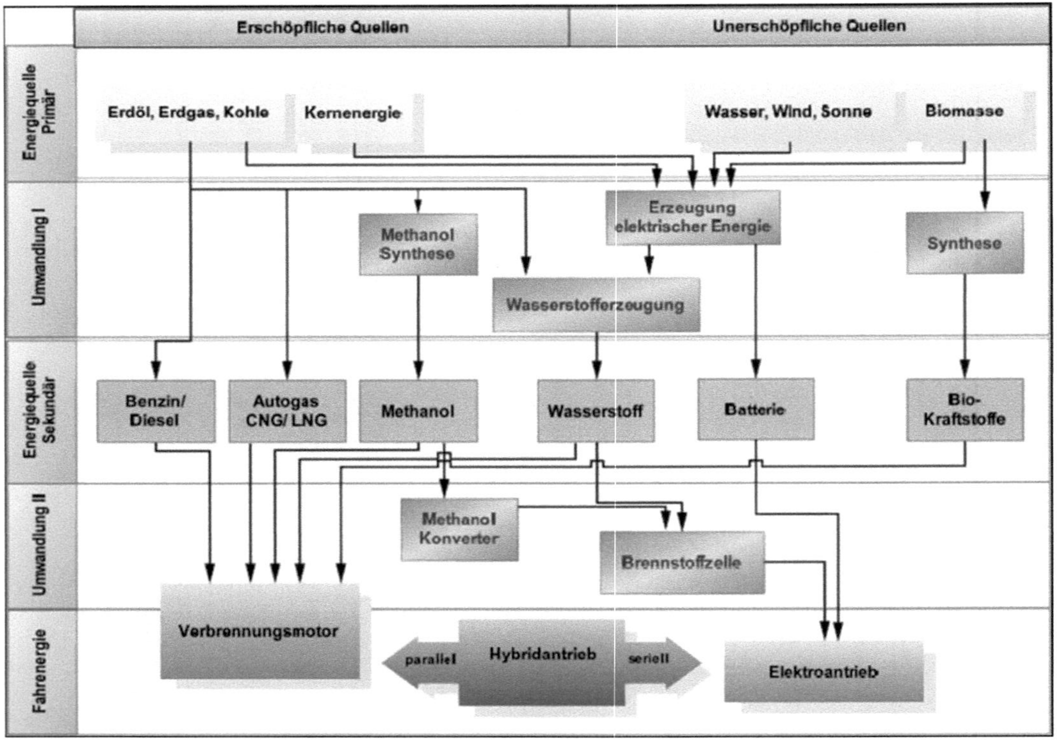

Quelle: Eigene Darstellung in Anlehnung an Naunin, Dietrich et. al. (2007), S. 20

Definition Elektrofahrzeuge im Kontext der Arbeit

Elektrofahrzeuge werden ausschließlich elektrisch betrieben und mit „BEV" für *Battery Electric Vehicle* abgekürzt. Die benötigte Energie wird von einer Batterie / Energiespeicher dem Elektromotor zur Verfügung gestellt. „[...] Die Substitution des Verbrennungsmotors durch eine Brennstoffzelle ergibt einen reinen Elektroantrieb [...]".[70] Daher wird ein Brennstoffzellenfahrzeug, auch Wasserstofffahrzeug genannt, als „reines" Elektrofahrzeug verstanden.

Definition Hybridfahrzeuge im Kontext der Arbeit

„Unter Hybridantrieb ist eine Kombination von zwei oder mehren Antrieben zu verstehen, die sich idealer Weise gegenseitig ergänzen."[71] Im Kontext dieser Arbeit „[...] werden unter Hybridfahrzeugen Kraftwagen mit einem kombinierten Antrieb aus Verbrennungs- und Elektromotor/Elektrospeicher verstanden. [...]"[72] Hybridfahrzeuge werden mit „HEV" für *Hybrid Electric Vehicle* abgekürzt. Des Weiteren werden Hybridfahrzeuge, deren Batterien extern geladen werden können mit „PHEV" für *Plug-in Hybrid Electric Vehicle* abgekürzt.

4.2 Elektromobile Antriebskonzepte

Die Kombination aus Verbrennungs- und Elektromotor bietet viele Möglichkeiten der Variation. Die Begriffe Mikro-, Mild- bis Vollhybrid geben den Grad der Hybridisierung/Elektrifizierung eines PKW an. Bei einem Vollhybrid wird in der höchsten Stufe der Hybridisierung, vor dem „reinen" Elektrofahrzeug, in parallele und serielle Hybride unterschieden. Hier kann ein Antriebskonzept so gestaltet werden, dass der Elektromotor oder der Verbrennungsmotor dominiert. Die Anordnung dieser zwei Antriebe im PKW bieten viele Kombinationsmöglichkeiten und ergänzen sich gegenseitig. Die Elektromobilen Antriebskonzepte umfassen somit alle Antriebskombinationen, in denen ein Elektromotor zum Einsatz kommt und zur Bereitstellung der Fahrenergie beiträgt oder die Effizienz steigert. Dieser kann auch, ohne Kombination mit einem Verbrennungsmotor als Hybrid, in einem BEV eingesetzt werden. Letztendlich entscheidet die Kombination über die Reichweite, effiziente Nutzung der bereitgestellten Energie und Emissionen eines Fahrzeugs.

---

70 Vgl. Doll, Claus (2007), S. 7
71 Vgl. Doll, Claus (2007), S. 7
72 Vgl. Doll, Claus (2007), S. 7

4.2.1 Mikrohybride

Das Mikrohybrid-Konzept stellt die niedrigste Stufe der Elektrifizierung eines Fahrzeuges dar. Hierbei werden Lichtmaschine und Anlasser durch einen Starter-Generator, mit einer Leistung bis 5 Kilowatt (kW), substituiert.[73] Die Mikrohybrid Fahrzeuge verfügen daher über eine Auto-Start-Stop-Funktion und können die Bremsenergie zurückgewinnen, auch *Rekuperation* genannt. Bei der *Rekuperation*, wird die Bewegungsenergie des Fahrzeugs abgefangen und in einem *Akkumulator* gespeichert, wenn man bspw. vom Gaspedal geht oder die Bremse betätigt. Besonders viel Energie kann im Misch- oder Stadtverkehr zurückgewonnen werden, da hier viel abgebremst und wieder angefahren wird. Steht man jedoch in einem Stau oder wartet an der Ampel, wird das Fahrzeug automatisch abgeschaltet und kann sofort wieder gestartet werden.[74] Da das Fahrzeug durch die rückgewonnene Energie gestartet wird, können bereits Kraftstoffeinsparungen von 5 bis 10 % realisiert werden. Der reine Antrieb des Fahrzeugs mit dem Starter-Generator ist nicht möglich und dient ausschließlich der Unterstützung, Steigerung der Kraftstoffeinsparung.[75] Mikrohybride sind nicht nur die Variante mit den niedrigsten Modifikationen, sondern Aufwand, Mehrgewicht und Kosten halten sich hier im Rahmen. Darüber hinaus können die Fahrzeuge jederzeit auf die nächst höherer Stufe bis hin zum Vollhybrid ausgebaut werden.

4.2.2 Mildhybride

In der nächsten Erweiterungsstufe kann bereits von einem Mildhybrid gesprochen werden. Die elektrische Komponente verfügt hier über eine Leistung von 5 bis 15 kW. Neben der Auto-Start-Stop-Funktion und der *Rekuperationstechnik* wird zusätzlich der Verbrennungsmotor beim Beschleunigungsvorgang direkt unterstützt. Diese Technik wird als *Boosten* bezeichnet und führt zu einer Leistungs- und Effizienzsteigerung des Fahrzeugs. Der Elektromotor wird hier bei Bedarf zugeschaltet und durch die gespeicherte Energie aus der *Rekuperation* versorgt.[76] Die Kraftstoffeinsparungen gegenüber den konventionell betriebenen Fahrzeugen betragen bei Mildhybrid Konzepten 15 bis 20 %.[77]

73 Vgl. Brake, Matthias (2009), S. 58
74 Vgl. o. V. (o. J.)
75 Vgl. Wallentowitz, Henning et. al. (2010), S. 54 f.
76 Vgl. o. V. (o. J. a)
77 Vgl. Wallentowitz, Henning et. al. (2010), S. 54 f.

4.2.3 Vollhybride (Parallele und Serielle Hybride)

In der letzten Stufe beträgt die Leistung der elektrischen Komponente bei einem parallel Vollhybrid 30 bis 120 kW, bei einem seriell Vollhybrid 60 bis 400 kW und ermöglicht somit rein elektrisches Fahren.[78] In der Praxis sind bisher nur Reichweiten bis 10 km und einer maximalen Geschwindigkeit von 50 km/h möglich.[79] Grund hierfür sind die bisher eingesetzten *Nickel-Metallhybrid-Akkumulatoren*, deren Kapazitäten begrenzt sind. Man bräuchte bei mehr Leistung eine größere Batterie, die mehr Gewicht und somit Platz benötigt. Auch der Elektromotor ist aufgrund seiner erweiterten Leistung und Funktion im Fahrzeug entsprechend größer dimensioniert.[80] Mit einem Vollhybrid können Verbrauchsreduzierungen von 15 bis 30 % realisiert werden,[81] trotz des zusätzlichen Gewichts. Grundlegend wird zwischen seriellen, parallelen oder leistungsverzweigten Vollhybridfahrzeugen unterschieden, die im Folgenden erläutert werden. Da es noch mehr Kombinationsmöglichkeiten und Konzepte gibt und diese den Rahmen der Arbeit sprengen würden, wird daher auf die zwei aussichtsreichsten Vollhybridfahrzeugvarianten eingegangen.

Parallel und leistungsverzweigte Hybridstruktur

In beiden Varianten sind Elektro- und Verbrennungsmotor direkt an den Antriebsstrang gekoppelt. Wahlweise wirkt nur einer oder beide Motoren parallel zusammen auf den Antriebsstrang und stellen somit die nötige Fahrenergie zur Verfügung. Bei einer parallelen Hybridstruktur arbeiten Elektro- und Verbrennungsmotor nebeneinander (vgl. Abb. 4.3), wobei bei einer leistungsverzweigten Hybridstruktur zwei Elektromotoren arbeiten (Vgl. Abb. 4.2), die über ein so genanntes *Planetengetriebe* mit dem Verbrennungsmotor verbunden sind. Das Planetengetriebe zeichnet sich, aufgrund des stufenlosen Getriebes, durch einen hohen Fahrkomfort aus. Somit macht sich ein Wechsel vom Elektrobetrieb zum Betrieb mit Verbrennungsmotor kaum bemerkbar. Der Wechsel erfolgt automatisch bei niedrigen oder hohen Geschwindigkeiten und wird entsprechend zentral von einem Steuergerät veranlasst. Ist der Verbrennungsmotor im Betrieb, fungiert der Elektromotor als Generator und produziert Strom, der dann in der Batterie rückgespeichert wird. Signifikante Verbrauchsvorteile können dabei nicht

---

78 Vgl. ZF Antriebs- und Fahrwerktechnik (o. J. a)
79 Vgl. o. V. (o. J. b)
80 Vgl. Wallentowitz, Henning et. al. (2010), S. 55
81 Vgl. ZF Antriebs- und Fahrwerktechnik (o. J. a)

realisiert werden, jedoch kann das gesamte System bei gleicher Leistung kleiner dimensioniert werden.[82]

Abbildung 4.2: Leistungsverzweigter Hybridantrieb

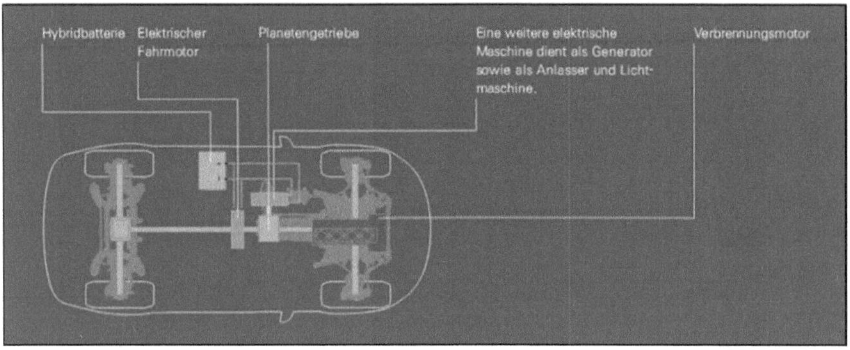

Quelle: ZF Antriebs- und Fahrwerkstechnik (o. J. b)

Abbildung 4.3: Paralleler Hybridantrieb

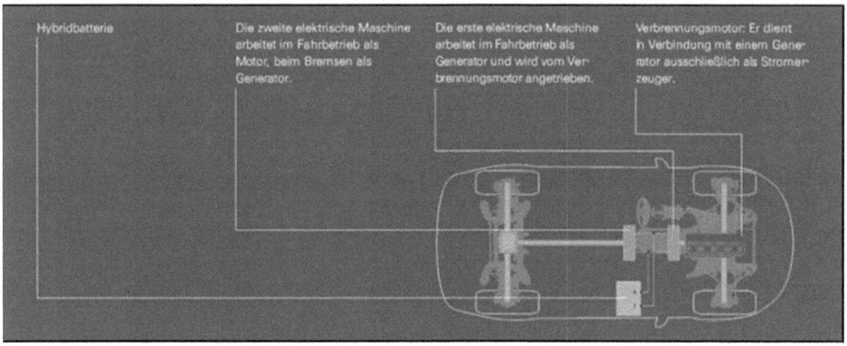

Quelle: ZF Antriebs- und Fahrwerkstechnik (o. J. b)

Serielle Hybridstruktur

Bei einer seriellen Hybridstruktur (Vgl. Abb. 4.4) wird die Fahrenergie ausschließlich von einem Elektromotor zur Verfügung gestellt. Nur dieser ist mit dem Antriebsstrang gekoppelt. Der Verbrennungsmotor hat lediglich die Funkti-

82 Vgl. Wallentowitz, Henning et. al. (2010), S. 56 f.

on, über den Generator Strom zu erzeugen.[83] In dieser Konstellation wird der Verbrennungsmotor in seiner Funktion als *Range Extender* bezeichnet, da dieser Strom produziert, wenn die Kapazitäten der Batterie ihre Grenzen erreicht haben oder in einem verbrauchsgünstigen Betrieb des Fahrzeugs Strom produziert werden kann. Die Leistungsspitzen werden aus der gespeicherten Energie in der Batterie gedeckt und ermöglichen emissionsfreies Fahren. Das Konzept stößt an seine Grenzen, wenn auf längeren Strecken hohe Leistungen gefordert sind.[84]

Abbildung 4.4: Serieller Hybridantrieb

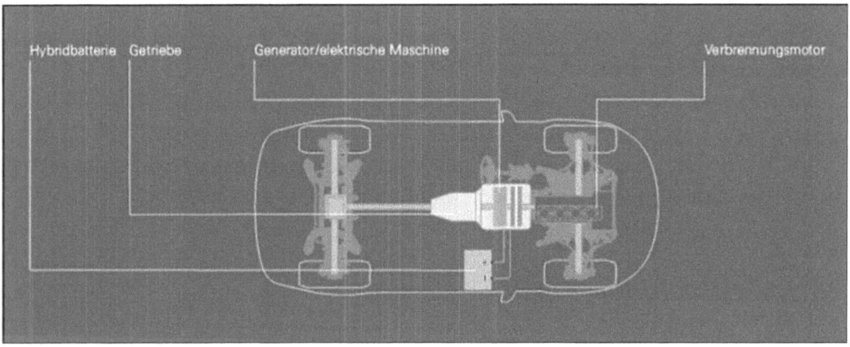

Quelle: ZF Antriebs- und Fahrwerkstechnik (o. J. b)

4.2.4 Plug-In Hybride

Ein Plug-In Hybrid ist die Weiterentwicklung eines Vollhybridfahrzeugs. Das *Plug-in* steht hier für die Möglichkeit, den Akkumulator im Fahrzeug extern mit Strom aus einer Steckdose zu laden. Da der Strom nicht mehr zwingend im Fahrzeug hergestellt werden muss und dem häuslichen Strom-Mix entnommen werden kann, hat der Verbrennungsmotor nur noch die Aufgabe eines *Range Extender*. So können Plug-In Hybridfahrzeuge längere Strecken mit Strom und somit emissionsfrei fahren. Folgt man dem Nutzungsprofil von Kraftfahrzeugen in Europa, weisen „[…] 80 % der zurückgelegten täglichen Fahrstrecken eine Distanz von unter 50 km auf […]“[85], wodurch die Plug-In Hybridfahrzeuge im rein

83 Vgl. ZF Antriebs- und Fahrwerktechnik (o. J. b)
84 Vgl. Wallentowitz, Henning et. al. (2010), S. 57
85 Vgl. Wallentowitz, Henning et. al. (2010), S. 58

elektrischen Fahrbetrieb diese Distanzen problemlos emissionsfrei zurücklegen können.

Insgesamt lässt sich feststellen, dass der Hauptvorteil eines Hybridfahrzeugs in der Unterstützung des Verbrennungsmotors in ineffizienten Drehzahlbereichen liegt, wie z.B. dem Stop-and-Go-Verkehr. Mit dem Einsatz von Elektromotoren sind Kraftstoffeinsparungen bis 30 % möglich. Der Nachteil eines Hybridfahrzeugs liegt in der erhöhten technischen Komplexität. Dieser führt nicht nur zu mehr Fahrzeuggewicht und somit zu entsprechendem Verbrauch, sondern auch zu einem höheren Fahrzeugpreis. Der letzte Aspekt wirkt sich auf Mikrohybrid Fahrzeuge hinsichtlich Preis und Gewicht weniger aus, wobei bei einem Vollhybrid der Kraftstoffverbrauch wesentlich höher ist. „Die deutlichen Preisaufschläge führen dazu, dass der Umstieg auf Hybridfahrzeuge zu den am wenigsten kosten effizienten Möglichkeiten zählt, um Treibhausgasemissionen zu reduzieren. Laut McKinsey können die CO_2-Vermeidungskosten bei mehr als 3.000 €/t liegen. Dies ist ein Vielfaches der Preise für CO_2-Zertifikate, welche beim Emissionshandel bislang noch nicht über 30 € notieren.“[86]

4.2.5 Batteriebetriebene Elektrofahrzeuge (BEV)

Bei einem reinen Elektroantrieb entfällt der Verbrennungsmotor und somit das zusätzliche Gewicht. Darüber hinaus benötigt man weder Anlasser, Kupplung oder ein Automatikgetriebe. Der Elektromotor wird von der Batterie im Fahrzeug mit der nötigen Energie versorgt und muss bei Erreichen der Kapazitätsgrenzen extern geladen werden. Die Entwicklung eines Elektrofahrzeugs wird durch den relativ einfachen Systemaufbau des Fahrzeugs begünstigt. Dieser besteht im Wesentlichen aus den Komponenten Energiespeicher, Elektromotoren und Steuergerät.[87] Mit einem BEV ist emissionsfreies Fahren lokal möglich. Der Schadstoffausstoß eines BEV hängt stark von dem verwendeten Strommix ab, da dieser vom Auspuff der Fahrzeuge in die Schornsteine der Energiekonzerne verlagert wird.

Unter dem Antriebskonzept des elektrischen Fahrens vereinen sich des weiteren Fahrzeuge, die mit einem Elektromotor fahren, deren Energie jedoch nicht zwingend von einer Batterie bereit gestellt werden muss. Hierzu gehören Elektrofahrzeuge, deren Elektromotor mit Strom aus einer Brennstoffzelle, Solarmodulen oder einer Oberleitung zur Verfügung gestellt wird. Bei Brennstoffzellen-

86 Vgl. Frondel, Manuel; Preistrup, Matthias (2009), S. 65
87 Vgl. Wallentowitz, Henning et. al. (2010), S. 59

Abbildung 4.5: Systemaufbau eines BEV am Beispiel des „smart ed" von Daimler

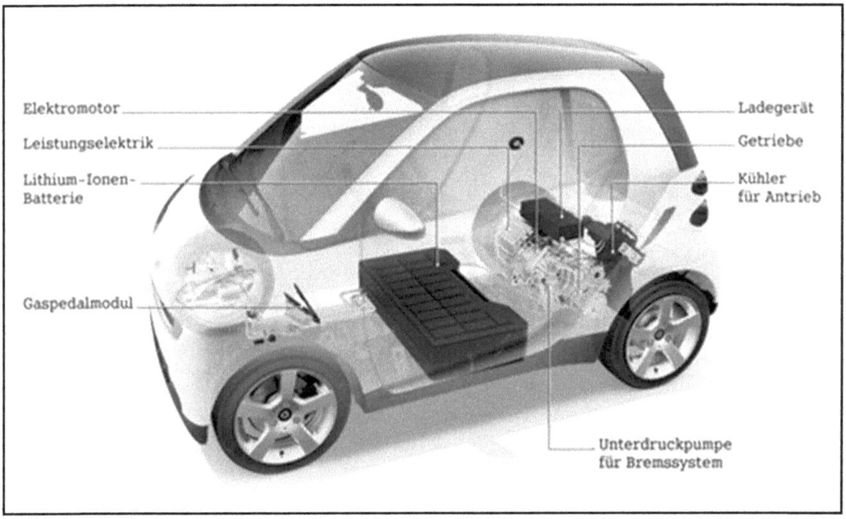

Quelle: Daimler (2009a)

fahrzeugen ergibt sich das Problem der Bereitstellung von Wasserstoff, als Energiequelle. Die Herstellung von Wasserstoff benötigt sehr viel Energie und ist zudem sehr kostenintensiv. Eine weitere Hürde stellt die Einrichtung von Wasserstofftankstellen dar. Deutschlandweit existieren aktuell 30 Zapfsäulen für wasserstoffbetriebene Fahrzeuge mit Brennstoffzelle, wobei Strom „an jeder Ecke" zur Verfügung steht. Aus diesen Gründen haben sich BMW und VW von der Wasserstoff-Technologie nach Jahrzehnten der Forschung verabschiedet. Das wiederum wurde von Greenpeace aufgrund der Nutzen/Aufwand Rechnung begrüßt.[88] Die Versorgung eines herkömmlichen PKW mit Energie aus Solarmodulen ist nicht möglich. Selbst wenn man den Strom aus einem Solarmodul in einem Akkumulator speichern würde könnte das Fahrzeug mit dieser Energiequelle alleine nicht betrieben werden.[89] Oberleitung kommen für PKW nicht in Frage und würden die Mobilität erheblich einschränken. Die Arbeit konzentriert sich ausschließlich auf Elektromobile, deren Elektromotor mit Strom aus einer Batterie versorgt und die Energie aus dem öffentlichen Versorgungsnetz bereitgestellt wird.

88 Vgl. Knoblach, Jochen (2009), S. 10
89 Vgl. Battlog, Elmar (2009), S. 136

Abschließend sollen die Vor- und Nachteile des Elektromotors in nachfolgender Tabelle 4–1 dem Verbrennungsmotor gegenübergestellt werden, unabhängig vom Einsatz in einem Hybrid oder BEV.

Tabelle 4–1: Vor- und Nachteile eines Elektromotors im Vergleich zu einem Verbrennungsmotors

Elektrofahrzeug	Verbrennungsmotor
Vorteile	**Nachteile**
– Wirkungsgrad 95 %, kaum	– Wirkungsgrad > 43 %, hoher
– Energieverluste	– Energieverlust
– Rückspeisefähig	– Nicht rückspeisefähig
– Bessere Zugkraft bei geringen Geschwindigkeiten	– Mäßige Zugkraft bei geringen – Geschwindigkeiten
– Weiter Drehmoment, Schaltung und Automatikgetriebe entfällt	– Kleiner Drehmomentbereich erfordert zusätzlichen Technologieeinsatz
– Geräuscharm	– Mittel- bis hoher Lärmpegel
– Vibrationsarm	– Hohe Vibrationen
– Hohe Lebensdauer	– Mäßige Lebensdauer
– Geringe Wartung, da einfacher Fahrzeugaufbau	– Regelmäßige Wartung, wie Ölwechsel
– Keine lokalen Emissionen	– Abgase vor Ort
– Variable Mobilitätskosten sehr gering (Energie)	– Variable Mobilitätskosten dreimal höher als BEV
Nachteile	**Vorteile**
– Problem: Energiedichte der Speicher zu gering	– Hoher Energiegehalt des Kraftstoff
– Kosten für Energiespeicher sehr hoch	– Keine zusätzlichen Kosten für Energiespeicher
– Leistung des Energiespeichers abhängig von Temperatur	– Fahrzeugleistung unabhängig von Temperatur
– Fehlende Ladeinfrastruktur	– Dichtes Tankstellennetz
– Zusatzheizung erforderlich	– Ausreichend Heizwärme

Quelle: In Anlehnung an Oswald, J. (2008), S.78; Frondel, M. Preistrup, M. (2009), S. 65 f.; Brake, M. (2009), S. 74 f.

4.3 Energiespeicher

Ein BEV muss seine Energie aus einem Energiespeicher beziehen. Dieser muss dazu in der Lage sein, die geforderte Menge elektrischer Energie zur Verfügung zu stellen und wieder zu speichern. Es gibt viele verschiedene Technologien und

Möglichkeiten Energie zu speichern wie Kondensatoren, Schwungräder, Batterien oder Druckluftspeicher.[90] In Elektromobilen kommen bisher nur wiederaufladbare Batterien, also Akkumulatoren und Wasserstoff in Verbindung mit einer Brennstoffzelle zum Einsatz. Auf Letzteres wird in dieser Arbeit nicht eingegangen. Anschließend, um die verschiedenen Akkumulatoren vergleichbar untereinander und mit anderen Energieträgern zu machen, wird die Energiedichte mit Wattstunden je Kg [Wh/kg] angegeben. Der Energieverbrauch eines Elektromobils wird mit Kilowattstunden [kWh][91], der Energiegehalt von Kraftstoffen allgemein in Joule [J] oder Kilo Joule [kJ] angeben und entsprechend in dieser Arbeit auf [kWh] umgerechnet. Die Energiedichte von Benzin beträgt 12,7 [kWh/kg] und von Diesel 11,6 [kWh/kg]. Dividiert durch den Faktor 1,443 bei Benzin und 1,196 bei Diesel, entspricht 1 Liter Kraftstoff Benzin einem Energiegehalt von 8,8 [kWh/l] und Diesel 9,7 [kWh/l].[92] Die Umrechnung in Liter ist relevant für die Berechnung der variablen Mobilitätskosten und ermöglicht den Vergleich zwischen einem BEV und PKW mit Verbrennungsmotor. Der Verbrauch von elektrischer Energie eines BEV liegt bei kleinen Fahrzeugen bei 15 [kWh/100 km], für Mittelklassewagen bei 20 [kWh/100 km] und für Oberklassewagen oder Kleintransporter bei etwa 30 [kWh/100 km].[93] Energiespeicher konnten bisher die Anforderungen nicht erfüllen, die für den Einsatz in einem BEV wichtig sind. Daher sollen nachfolgend Akkumulatoren und die Anforderungen an diese vorgestellt werden. Anschließend folgt eine Erläuterung der verschiedenen Möglichkeiten der Betankung eines BEV.

---

90 Vgl. Wallentowitz, Henning et. al. (2010), S. 84

91 Exkurs: 1 kWh = 1000 x Watt x Stunde (Wh) oder Arbeit = Leistung x Zeit. Die Wattstunde ist die Maßeinheit der Arbeit und damit eine Energieeinheit. Eine Wattstunde entspricht der Energie, die eine Maschine mit einer Leistung von einem Watt in einer Stunde aufnimmt oder abgibt. Beispiel: Ein Laptop benötigt 20 Watt je Stunde. Somit kann man mit 1 kWh Strom 50 Stunden am Laptop arbeiten, weil 1000 Wh / 20 Watt = 50 Stunden entspricht. 1 kWh entspricht 3.600.000 Joule (J) oder 3.600 kilo Joule (kJ) oder 3,6 Mega Joule (MJ). Quelle: http://www.agenda21-treffpunkt.de/lexikon/joule.htm#kWh

92 Umrechnung in Anlehnung an die Angaben von Wallentowitz, Henning et. al. (2010), S. 87

93 Vgl. Hackbarth, André et. al. (2009), S. 60: Der Energieverbrauch bei einem BEV ist stark von dem Fahrzeuggewicht, dem Verschleiss eines Akkumulators, der Temperatur und Nutzung abhängig. In der Literatur und Praxisangaben liegen die Werte sehr dicht an den Angaben in dieser Arbeit und können als Orientierung herangezogen werden. Die hier angegebenen Werte wurden aus realen Verbrauchsdaten extrapoliert und stammen vom ifeu – Institut für Energie- und Umweltforschung Heidelberg und Wuppertal-Institut für Klima, Umwelt, Energie GmbH.

4.3.1 Anforderungen an Energiespeicher

Aus dem Blickwinkel der verschiedenen Interessengruppen *Kunden* und *Automobilhersteller*, ergeben sich verschiedene Anforderungen an die einzusetzenden Akkumulatoren.[94] Die Erfüllung der Anforderungen entscheidet letztendlich über deren erfolgreichen Einsatz in einem BEV. Die Leistungsanforderungen spielen im Einsatz von Akkumulatoren in einem BEV die wichtigste Rolle. Eine

Tabelle 4–2: Anforderungen an Energiespeicher

Anforderungsart	Spezifische Anforderung
Energetische Qualität	– Hohe Energiedichte – Hohe Leistungsdichte – Niedriger kumulierter Energieaufwand – Wenig Verluste – Geringe Selbstentladung – Geringer Hilfsenergieverbrauch – Hoher Systemnutzungsgrad
Physische Eigenschaften	– Geringes Gewicht – Geringes Volumen – Möglichst freie Formbarkeit
Sicherheit	– Hohe Betriebssicherheit (Explosionsgefahr) – Geringes Schadenspotenzial
Lebensdauer	– Hohe Zyklenlebensdauer (Anzahl Ladung- und Entladung) – Hohe kalendarische Lebensdauer
Umweltverträglichkeit	– Herstellung – Nutzung – Recyclingfähigkeit
Wirtschaftlichkeit	– Niedrige Investitionskosten – Niedrige Betriebskosten – Niedrige Herstellkosten – Geringer Wartungsaufwand

Quelle: Eigene Darstellung in Anlehnung an Mauch, Wolfgang et. al. (2009), S. 6; Neupert, Ulrik et. al. (2009), S. 32

94 Vgl. Mauch, Wolfgang et. al. (2009), S. 3 ff.

hohe Energiedichte und große spezifische Leistung ermöglicht eine hohe Mobilität und somit große Reichweite des Fahrzeugs. Darüber hinaus müssen Energiespeicher über eine lange Lebensdauer, aber kurze Aufladezeiten verfügen. Vorteilhaft ist zu dem, wenn die Kapazität eines Akkumulators voll ausgeschöpft und dieser vollständig entladen werden kann. Weitere wichtige Parameter sind die Betriebssicherheit, die Betriebsfähigkeit in einem breiten Temperaturspektrum, die Recyclingfähigkeit und letztendlich der Preis für einen Akkumulator.[95] Die nachfolgende Tabelle 4–2 gibt eine Übersicht über die Anforderungen an Energiespeicher und teilt diese in Anforderungsarten ein.

Die Anforderungen stehen jeweils in Konkurrenz zueinander und stellen die Entwicklung von Energiespeichern vor besondere Herausforderungen. Beispielsweise führt eine höchst mögliche Leistungsdichte zu Einbußen bei der Energiedichte und jede technische Optimierung zu höheren spezifischen Kosten.[96]

Betrachtet man die Anforderungen aus Sicht der Automobilhersteller spielen beim Einsatz von Energiespeichern betriebswirtschaftliche Faktoren eine große Rolle. Wichtig sind daher die Konkurrenzfähigkeit der eingesetzten Elektrotechnologie gegenüber den Verbrennungsmotoren und der Kundenakzeptanz, beide Faktoren sind wiederum Voraussetzung für eine profitable Vermarktung. Darüber hinaus müssen die Akkumulatoren Mindeststandards an Performance und Sicherheit erfüllen. Aufgrund dessen streben die Automobilhersteller verbindliche Standards bezüglich der Sicherheit an und es soll eine Lebensdauer der BEV von mindestens 10 Jahren gewährleistet werden. Die angestrebte Lebensdauer geht einher mit einer hohen Zyklenstabilität und einer hohen kalendarischen Lebensdauer der Akkumulatoren, die bisher nicht erfüllt werden können (Vgl. Tabelle 4–3). Von wirtschaftlichen Überlegungen sind dagegen in erster Linie die Anforderungen der Kunden bestimmt. Die wichtigsten Punkte sind daher moderate Herstellungskosten und eine lange Lebensdauer der Akkumulatoren, um später einen kostspieligen Batterietausch zu vermeiden. Leistungsanforderungen, die insgesamt entscheidend sind, hängen im Wesentlichen vom Nutzungsgebiet ab. Abgesehen vom reinen Elektrofahrzeug spielen in Hybridfahrzeugen Energiespeicher eine andere Rolle. Hier ist nahezu ausschließlich die Leistung eines Energiespeichers wichtig [in W/kg], die kurzfristig für das Anfahren und Beschleunigen erforderlich ist. Bei einem BEV spielt dagegen der Energiegehalt [in Wh/kg] eines Akkumulator eine bedeutendere Rolle, da dieser die Reichweite des Fahrzeugs bestimmt.

---

95 Vgl. Neupert, Ulrik et. al. (2009), S. 33

96 Vgl. Mauch, Wolfgang et. al. (2009), S. 6

4.3.2 Übersicht Energiespeicher

In der Vergangenheit fanden überwiegend Blei-Säure-Akkumulatoren ($Pb\text{-}PbO_2$) Anwendung in Elektrofahrzeugen. Diese wurden von Nickel-Kadmium- (Ni-Cd) und Nickel-Metallhybrid-Akkumulatoren (Ni-MH) abgelöst und finden bisher in Hybridfahrzeugen, die auf dem Markt erhältlich sind, Anwendung. Inzwischen bekommen Ni-Cd und Ni-MH Akkumulatoren Konkurrenz durch die weiterentwickelten Lithium-Ionen-Akkumulatoren (Li-Ion). Es gibt wesentlich mehr Akkumulatoren, die spezifische Eigenschaften haben, jedoch nicht annähernd die genannten Anforderungen an Energiespeicher erfüllen. So liegt z.B. die Arbeitstemperatur von Natrium-Nickel-Chlorid-Akkumulatoren (Na-NiCl) bei 350 Celsius (C°) und muss durch zusätzliche Energie permanent gehalten werden.[97] Dadurch sinkt nicht nur der Systemnutzungsgrad erheblich, auch aus Gründen der Sicherheit kann der Einsatz in einem BEV ausgeschlossen werden.[98] Daher werden nur die Akkumulatoren verglichen und vorgestellt, die bisher zum Einsatz gekommen sind und für die zukünftige Entwicklung des BEV eine wichtige Rolle spielen. In der Tabelle 4–3 werden die wesentlichen Eigenschaften der ausgesuchten Akkumulatoren, im Vergleich zu Benzin und Diesel gegenübergestellt und verdeutlichen die enormen Unterschiede.

Blei-Säure-Akkumulatoren wurden seit dem Ende des 19. Jahrhunderts weiterentwickelt und galten bis vor kurzem noch als technisch ausgereift. Trotz der geringen Energiedichte werden sie heute noch in großem Umfang genutzt. Das liegt zum einen an den geringen Kosten und der Zuverlässigkeit, wie auch an den technischen Möglichkeiten kurzfristig hohe Stromstärken zu zulassen. Besonders beliebt ist die Nutzung von Blei-Säure-Akkumulatoren als Starterbatterie in PKWs oder als Pufferbatterie bei stationären Anwendungen im Bereich unterbrechungsfreier Stromversorgung (Alarmanlagen, Notstromversorgung, Notbeleuchtung). Weitere Vorteile sind, dass sie keinen *Memory-Effekt* haben, die geringe Selbstentladung, die hohe Verfügbarkeit und technische Reife, wobei letzteres die Hoffnung auf Weiterentwicklung und Einsatz in einem BEV eliminiert. Die Nachteile der Blei-Säure Batterie jedoch überwiegen so sehr, dass sie zum Scheitern des ersten Serienelektrofahrzeugs auf Basis des VW Golf III, dem CitySTROMer (Jahr 1993) führten.[99] Die Akkumulatoren auf Blei-Basis sind sehr masseintensiv [m] und nicht für Schnellladung geeignet. Darüber hinaus können sie nicht *tiefentladen*, wie auch ungeladen gelagert werden. Der hohe

97 Vgl. Neupert, Ulrik et. al. (2009), S. 39 ff.
98 Vgl. Cornel, Stan (2008), S. 241
99 Vgl. Klauke, Dominik (2009a), S. 19

Tabelle 4–3: Übersicht Eigenschaften der Energiespeicher im Vergleich

	$Pb\text{-}PbO_2$	Ni-Cd	Ni-MH	Li-Ion	Benzin	Diesel
Energiedichte [Wh/kg]	20 – 45	25 – 40	55 – 85	90 – 160	12700	11600
Leistungsdichte (w/kg]	100	600	750	1350 (Hoch-leistungs-variante)	sehr hoch	sehr hoch
Zyklen / Lebensdauer	500 – 1500 4 Jahre	bis 2000 6 Jahre	300 – 1000 2 – 5 Jahre	> 1000 k. A.	siehe Kap. 3.2	siehe Kap. 3.2
Selbstentladung [Monat]	5 %	5 – 20 %	30 %	5 – 10 % [bei 20 C°]	-	-
Schnellladezeit [h]	8 – 16 h	1 h	2 – 4 h	2 – 4 h	-	-
Arbeitstemperatur [C°]	–40 – 60 C°	–20 – 60 C°	0 – 50 C°	–40 – 60 C°	-	-
Verfügbarkeit Markt	sehr hoch	hoch	hoch	hoch	sehr hoch	sehr hoch
Sicherheit	hoch	hoch	hoch	niedrig	k. A.	k. A.
Umweltverträg-lichkeit	niedrig	sehr niedrig	niedrig	k. A.	niedrig	sehr niedrig
Zuverlässigkeit	mittel-hoch	hoch	hoch	mittel-hoch	hoch	hoch
Kosten[100] [€/kWh]	150 €/kWh	600 €/kWh	750 €/kWh	750 – 1000 €/kWh	k. A.	k. A.
Mobilitätskosten [€/kWh][101]	0,22 €/kWh	_“_	_“_	_“_	0,11 €/kWh	0,15 €/kWh
Mobilitätskosten 100 km[102] [€/kWh] Klein-/Mittel-/ Oberklasse PKW	3,30/4,40 /6,60 € /100 km	_“_	_“_	_“_	7,19/8,37 /10,59 €/100 km	4,61/4,94 /6,58 €/100 km

Quelle: Eigene Darstellung in Anlehnung an Neupert, Ulrik et. al (2009), S. 39; Stan, Cornel (2008), S. 241; Klauke, Dominik (2009a), S. 19 ff.; Mauch, Wolfgang (2009), S. 16 f.; Wallentowitz, Henning et. al. (2010), S. 130

100 Investitionskosten je kWh

101 Vgl. Lichtblick (2009); Preis für Strom Lichtblick je kWh 0,2199 € Verbraucherpreise ab 01.01.2010
Preis Bundesweit für Diesel/Benzin (1,097 € /1,308 €) je Liter in € per 01. Dez. 2009;
Daten: http://www.clever-tanken.de/statistik2.asp (Zugriff: 02.12.2009)

102 BEV Klein-/Mittel-/Oberklasse, entspricht 15/20/30 kWh je 100 km;
PKW Verbrennungsmotor Verbrauch innerorts/außerorts kombiniert je 100 km:
Benzin: VW Polo (60 PS) 5,5 Liter/100 km; VW Golf (80 PS) 6,4 Liter/100 km; VW Touran (102 PS) 8,1 l/100 km; Diesel: VW Polo (75 PS) 4,2 l/100 km; VW Golf (105 PS) 4,5 l/100 km; VW Touran (90 PS) 6 l/100 km:
Daten: www.volkswagen.de (Zugriff: 02.12.2009)

Bleianteil und Elektrolyt des Akkumulators sind zudem nicht sonderlich umweltverträglich.[103] Folgendes Beispiel unterstreicht, warum die Blei-Säure-Batterie nicht geeignet ist und die geringe Energiedichte signifikant dazu beiträgt:[104]

Am Beispiel des ersten Elektromobils von GM in Kleinserie, dem EV1 (Electric Vehicle1), wurde dieser mit einer Metall-Hybrid-Batterie betrieben (von 1997 – 2003). Der Akkumulator weist eine Energiedichte von 80 [Wh/kg] auf und hat somit nahezu die vierfache Energiedichte im Vergleich zu einem gewöhnlichen Blei-Säure-Akkumulator. Fährt man nun mit einer durchschnittlichen Leistung von 20 [kW] während einer Stunde, führt das zu einer Masse von m= 20 [kW] x 1 [h] / 0,08 [kWh/kg] = 250 [Kg]. Für den gleichen Einsatz, würde ein Blei-Akkumulator 1 Tonne [t] wiegen. Die Reichweite, die bei 20 [kW] und einer gleichmäßigen Geschwindigkeit erreicht werden kann liegt zwischen 50 – 80 km bezogen auf den EV1. Da der Blei-Akkumulator zusätzlich sein Eigengewicht transportieren müsste, wäre die Reichweite hier geringer.

Neueste Entwicklungen der jüngsten Zeit von dem Unternehmen Exide Technologies, geben der Blei-Säure-Batterie eine neue Chance. Es ist dem Unternehmen gelungen eine Blei-Säure-Batterie zu entwickeln, die mit speziellen Mikroglasfasermatten oder Polyethylen zwischen den Bleiplatten gefüllt wird. Dadurch kann die Säure nicht auslaufen und die Batterie auch liegend verbaut werden. Darüber hinaus erreicht sie die Leistungsfähigkeit von Ni-MH-Akkus, bei nahezu gleichem Gewicht zu signifikant niedrigeren Kosten. Der Einsatz ist besonders interessant in HEVs, wobei das Thema Li-Ion-Akkus bei Vollhybriden weiterhin an erster Stelle steht.[105]

Nickel-Cadmium-Akkumulatoren weisen zwar im Vergleich zu Blei-Akkumulatoren eine höhere Energiedichte auf und können am schnellsten geladen werden, spielen jedoch wegen dem giftigen Schwermetall Kadmium keine Rolle mehr. Die EU-Initiative zur Verringerung des Umlaufs von Kadmium trägt im Wesentlichen dazu bei. Abgesehen davon sind sie inzwischen von Akkutypen mit einer noch höheren Energiedichte abgelöst worden, wie den Ni-MH- und Li-Ion-Akkumulatoren.[106]

Nickel-Metallhybrid-Akkumulatoren wurden vor allem als Ersatztechnologie für Nickel-Cadmium-Akkumulatoren entwickelt. Sie zeichnen sich in Weiterentwicklung insbesondere durch die 30 – 50 % höhere Energiedichte aus und können ebenfalls schnell geladen werden. Aufgrund des fehlenden Kadmiums

---

103 Vgl. Neupert, Ulrik et. al. (2009), S. 40
104 Vgl. Cornel, Stan (2008), S. 242
105 Vgl. Vincken, Dirk (2009), S. 48 f.
106 Vgl. Neupert, Ulrik et. al. (2009), S. 41 f.

lassen sie sich zudem besser entsorgen. Das hat dazu geführt, dass in den bisherigen Hybrid und BEV, Nickel-Metallhybrid-Batterien die häufigste Anwendung finden. Mit der Entwicklung von Li-Ion-Akkus, konnten nun auch die Nachteile einer Ni-MH Batterie ausgeglichen werden. Ni-MH-Akkus weisen im Vergleich zum Vorgänger den Nachteil auf, dass sie empfindlicher auf Überladung, falsche Polung und Überhitzung reagieren. Darüber hinaus weisen sie eine sehr hohe Selbstentladung von 30 % aus,[107] was sich bei längeren Stehzeiten von Fahrzeugen durchaus als problematisch erweisen kann. Hinzu kommt, dass bei tiefen Temperaturen die Leistung deutlich abnimmt, womit sich weitere Probleme in bestimmten Regionen oder an besonders kalten Wintertagen ergeben können.

Lithium-Ionen-Akkumulatoren wurden entwickelt, um insbesondere den Energiebedarf von tragbaren elektronischen Geräten wie Mobiltelefone oder Laptops zu decken[108] und lösten einen Schub in der Batterieentwicklung aus.[109] Die Eigenschaften der Li-Akkus lässt eine Übertragung auf größere Systeme wie dem BEV zu und wird inzwischen erfolgreich im „Tesla-Roadster“ von Tesla und „Mini-E“ von BMW eingesetzt. Lithium ist fast mit jedem Element des Periodensystems kombinierbar und ermöglicht sehr hohe Zellspannungen, wodurch hohe Energiedichten möglich sind. Dadurch lässt sich das enorme Entwicklungspotenzial nur erahnen.[110] Als Energiespeicher wurde Lithium bereits in den frühen 1970er Jahren eingesetzt. Verwendet wurden Lithium-Batterien aufgrund der geringen Selbstentladung vornehmlich in der Medizin- und Raumfahrttechnik, wie Herzschrittmachern oder in Satelliten. Lithium-Akkumulatoren wurden bisher aufgrund der enormen Sicherheitsprobleme nicht in einem BEV eingesetzt, denn Lithium ist hochreaktiv gegenüber Wasser bzw. feuchter Luft und entzündet sich bei Kontakt. Besonders beim Ladevorgang kam es vor, dass sich durch chemische Reaktionen von außen nach innen sogenannte Dendriten[111] bildeten und einen Kurzschluss auslösten. Der Kurzschluss bzw. die hohen Stromstärken gingen einher mit hohen Temperaturen in der Batterie. Übersteigt die Temperatur den Lithium-Schmelzpunkt von ca. 180 C°, kommt es zu explosionsartigen Reaktion.[112] Der Gedanke, dass in einem Crashfall die Batterie sich explosionsartig in einer Meter hohen Stichflamme entladen könnte, schreckte bisher viele Automobilhersteller vor einer Markteinführung ab. Im Jahr 2006 musste das Unternehmen Dell erste Erfahrungen mit den Eigenheiten von Li-

107 Vgl. Neupert, Ulrik et. al. (2009), S. 42 f.
108 Vgl. Neupert, Ulrik et. al. (2009), S. 177
109 Vgl. Klauke, Dominik (2009a), S. 23
110 Vgl. Klauke, Dominik (2009b), S. 29
111 Vgl. Zajonc, Patrick (2009); Ein Dendrit ist ein Kristall, der aus der Kathode spitz in Richtung Anode wächst und sich ausdehnt
112 Vgl. Klauke, Dominik (2009a), S. 24

thium machen. Es wurde eine Rückrufaktion gestartet, in dem Lithium-Ionen-Akkumulatoren in verschiedenen Laptop-Modellen ausgetauscht werden mussten. Die Akkumulatoren wurden von Sony hergestellt und die Rückrufaktion von Dell durchgeführt. Es wurden alle Laptop-Akkus zurückgerufen mit der Begründung: „In seltenen Fällen besteht die Gefahr, dass sich diese Akkus überhitzen können, was eine Brandgefahr hervorrufen könnte.“[113] Alleine in einem „Tesla-Roadster“ befinden sich 6.831 Laptop-Akkus[114], was die Kosten für eine Rückrufaktion und Ersatz der Akkus entsprechend dramatisch ansteigen lässt. Heute wurden die Li-Ion-Akkus so weiterentwickelt, dass die gravierendsten Sicherheitsprobleme überwiegend gelöst werden konnten und somit erklärt sich auch, warum erst heute der Einsatz in einem BEV möglich ist. Li-Ion-Akkus konnten die Li-MH Akkus aufgrund ihrer hohen Energiedichte ablösen, stecken aber noch in der Anfangsphase der Entwicklung.

Die wesentlichen Nachteile dieser Technologie liegen in der aufwendigen Herstellung und damit höheren Herstellungskosten. Das Alterungsverhalten, sowie die Notwendigkeit einer Schutzschaltung bzw. *Batteriemanagementsystem*, um Spannung, Strom und Temperatur in sicheren Bereichen zu halten, treiben die Kosten weiter in die Höhe.[115] Treffend äußerte sich zu dieser Problematik Masatami Takimoto, der Entwicklungschef von Toyota Motors mit der Aussage: „Wir arbeiten an Lithium-Ionen-Akkus für den Einsatz im Auto, aber derzeit sind sie aus Kosten- und Haltbarkeitsgründen noch nicht reif genug für unsere Ansprüche“.[116] Zum Verständnis: Am vorherigen Beispiel einer Fahrt mit 20 [kW] benötigt man nur noch einen Li-Ion-Akku mit einer Massen von m = 20 [kW] x 1 [h] / 0,16 [kWh/Kg] = 125 [Kg] und erreicht eine Reichweite von 100 km. Dennoch wirkt der Vergleich mit Benzin und Diesel Verbrennungsmotoren im Vergleich sehr ernüchternd, wenn man folgender Berechnung folgt:[117]

Für Benzin ergibt sich bei 125 [Kg] in Liter:

*Liter = (125 [kg] * 12,7 [kWh/kg]) / 8,8 [kWh/l] =* ***180,40 Liter Benzin***

Für Diesel ergibt sich bei 125 [Kg] in Liter:

*Liter = (125 [kg] * 11,6 [kWh/kg]) / 9,7 [kWh/l] =* ***149,49 Liter Diesel***

113 Vgl. Dell (2009)
114 Vgl. o. V. (2009a)
115 Vgl. Neupert, Ulrik et. al (2009), S. 45 f.
116 Vgl. Rumpelt, Tina (2009), S. 29
117 Eigene Berechnung

Daraus ergibt sich eine Reichweite, mit einem Mittelklassewagen VW Golf (80 PS) und einem Verbrauch von 6,4 Liter Benzin auf 100 Km:

*Weg (W) = (180,40 [l] Benzin / 6,4 [l/100 km]) * 100 [km] =* ***2.818,75 [km]***

Daraus ergibt sich eine Reichweite bei Diesel, mit einem Mittelklassewagen VW Golf (105 PS) und einem Verbrauch von 4,5 Liter Diesel auf 100 Km:

*W = (149,49 [l] Benzin / 4,5 [l/100 km]) * 100 [km] =* ***3.322 [km]***

Die Berechnung verdeutlicht den Vorteil der hohen Energiedichte von Benzin und Diesel gegenüber den Li-Ion-Akkumulatoren, die im Vergleich zu den anderen Batterietypen die höchsten Energiedichten aufweisen.

Der Firmengründer von Toyota SAKICHI TOYODA „[…] lobte bereits 1925 ein Preisgeld von einer Millionen Yen aus für denjenigen, der eine Batterie erfinden würde, die 36 Stunden lang eine Leistung von 100 PS liefert und nicht mehr als 225 Kilogramm wiegt. Heute, mehr als 80 Jahre später, gilt diese Herausforderung noch immer, weshalb die Ingenieure bei Toyota gerne von der „Sakichi-Batterie“ sprechen, wenn es um die Stromspeichertechnik der Zukunft […]“[118] und der geforderten Energiedichte von Akkumulatoren geht.

Die variablen Mobilitätskosten hingegen liefern wieder ein anderes Bild zugunsten der Akkumulatoren. Ist der Tank leer oder der Akkumulator ausgeschöpft, muss getankt oder aufgeladen werden. Die Kosten für die jeweiligen Strecken, die mit Benzin und Diesel bei 125 [Kg] erreicht werden können, sehen im Vergleich zu den Stromkosten eines BEV jeweils wie folgt aus:[119]

Kosten Benzin*: 180,40 [l] Benzin * 1,308 [€/l] =* ***235,96 €***
Kosten Strom*: ((2.818,75 [km] * [20 kW/h]) / 100 [km]) * 0,2199 [€/kWh]=* ***124,03 €***

Kosten Diesel*: 149,49 [l] Diesel * 1,097 [€/l] =* ***163,99 €***
Kosten Strom*: ((3.322 [km] * [20 kW/h]) / 100 [km]) * 0,2199 [€/kWh]=* ***146,10 €***

Es zeigt sich, dass bei einer Strecke von 2.818,75 [km] die Mobilitätskosten für Benzin 90 % über den Kosten für Strom liegen und bei Diesel sind es nur noch 12 %, für eine Strecke von 3.322 [km]. Der Vergleich ist insgesamt abhängig vom jeweiligen Verbrauch der Fahrzeuge, wie dem Nutzungsverhalten der Fahrzeughalter. Es sei angemerkt, dass im angebrachten Beispiel verbrauchsgünstige

118 Vgl. Rumpelt, Tina (2009), S. 29
119 Eigene Berechnung

Fahrzeuge mit Verbrennungsmotor der Mittelklasse herangezogen wurden, jedoch das Ergebnis sehr realistisch ist. Wenn man nun die Amortisationskosten eines Li-Ion-Akkus bei ungünstigen Verhältnissen hinzurechnet, unterstreicht es die Aussage von MASATAMI TAKIMOTO, dass die Li-Akkus aus Kosten und Haltbarkeitsgründen noch nicht reif genug sind. Geht man von 1.000 Ladezyklen (Lebensdauer/Zyklenstabilität) aus und 20 [kW] je Ladung für 100 [km], bei Kosten für Li-Akkus von 1.000 [€/kWh], ergeben sich Amortisationskosten je Ladung von:[120]

Amortisationskosten je Zyklus
*= (1.000 [€/kWh] * 20 [kW]) / 1000 Zyklen =* ***20 [€/Zyklus]***

Somit betragen die Gesamtkosten aus Mobilitätskosten und Amortisationskosten:[121]

im Vergleich zu Benzin für die zuvor berechneten Strecke
*= 124,03 €+ ((2.818,75 [km] / 100 [km]) * 20 [€/Zyklus]) =* ***687,78 €***

im Vergleich zu Diesel für die zuvor berechneten Strecke
*= 146,10 €+ ((3.322 [km] / 100 [km]) * 20 [€/Zyklus]) =* ***810,50 €***

Es ist somit festzuhalten, dass die Nachteile in der noch zu geringen Energiedichte, der Lebensdauer (Anzahl der Ladezyklen), der Sicherheit und den Herstellungskosten liegen. Ein weiterer wichtiger Aspekt ist die gesamte Ökobilanz der Batterie im Lebenszyklus,[122] da es noch keine Recyclingsysteme für Li-Ion-Akkumulatoren gibt, bzw. nur sehr wenig Unternehmen, die sich darauf spezialisiert haben, wie z.B. das Unternehmen Toxco aus Canada.[123] Beim Recycling bereitet die Reaktivität der Lithium-Ionen Zellen besonders Schwierigkeiten, diese müssen mit Hilfe von flüssigem Stickstoff auf Minus 200 C° gekühlt werden, bevor der Hammer- und Schredder-Prozess gefahrlos eingeleitet werden kann. Erst danach lassen sich Komponenten aus Lithium, Kobalt, Aluminium, Kupfer und Stahl trennen und dem Kreislauf zurückführen. Toxco verfügt als einziges Unternehmen auf der Welt über eine Anlage, die verschiedene Größen der Li-Akkus auf diese Art hämmern und schreddern kann.[124]

---

120 Hackbarth, André et. al (2009), S. 60
121 Eigene Berechnung
122 Vgl. Heymann, Eric (2009), S. 11
123 Vgl. Toxco (o. J.)
124 Vgl. Hamilton, Tyler (2009)

4.4 Batterieaufladesysteme

Ein Akkumulator kann grundsätzlich über verschiedene Wege im BEV geladen werden. Prinzipiell unterscheidet man nach den Ladeverfahren konduktives und induktives Laden. Das Ladegerät an Board eines Fahrzeugs bildet hierbei die Schnittstelle zum Energieversorgungsnetz. Beim konduktiven Laden erfolgt die Ladung des Akkumulators leitungsgebunden, wobei hingegen beim induktiven Laden die Aufladung ohne direkten Kontakt erfolgt.[125] Die Ladezeiten sind abhängig von der Spannung in Volt (U) und Stromstärke in Ampere (I), die vom Energienetz zur Verfügung gestellt werden. Die Gesamtleistung aus U*I ergibt die Leistung in Watt (P).[126] Berücksichtigt man nun noch die elektrische Mehrarbeit, die für eine vollständige Ladung notwendig ist mit dem Ladefaktor 1,25,[127] ergibt sich daraus folgende Ladezeit an einer herkömmlichen Steckdose bei einem „Mini-E“ mit einer Akkumulator Leistung von 35 [kWh] Kapazität:[128]

*Ladezeit = kWh / [((U * I) /1000 P)*Ladefaktor 1,25] = h*
*Ladezeit = 35 [kWh] / ((230 V * 12 A) /1000 Watt) * 1,25 = 10,14 Stunden*
Ladezeit** = 35 [kWh] / 4,6 [kW] = **10,14 Stunden

4.4.1 Konduktives Laden

Das konduktive Laden kann über jede herkömmliche Haushaltssteckdose erfolgen. Der hier maximal zulässige Netzstrom beträgt 230 Volt bei 12 Ampere und ermöglicht eine Leistung von maximal ca. 3 [kW].[129] Über einen Starkstromanschluss können wesentlich schnellere Ladezeiten erreicht werden. So dauert der Ladevorgang eines „Mini-E“ mit 230 Volt und 32 Ampere 3,8 Stunden und mit 50 Ampere Stromstärke nur noch 2,4 Stunden.[130] Da sich die Stecker weltweit und unter den Automobilherstellern unterscheiden, haben sich die Automobil-

---

125 Vgl. Klauke, Dominik (2009a), S. 66
126 Vgl. o. V. (o. J. d)
127 Der Faktor wurde über die retrograde Nachrechnung der Angaben des Herstellers „Mini-E“ berechnet. Hierbei handelt es sich um die elektrische Mehrarbeit die benötigt wird, um einen Akkumulator auf 100 % Kapazität zu laden. Die Verluste werden in der Literatur unterschiedlich angegeben und sind von verschiedenen Einflußgrößen wie bspw. Temperatur und Alter abhängig. Die Verluste sind jedoch entsprechend belegt. Vgl. Neupert, Ulrik et. al. (2009), S. 19 und Vgl. Düsi, Matthias (2006)
128 Vgl. BMW Group (2009)
129 Naunin, Dietrich et. al. (2007), S. 35
130 Vgl. BMW Group (2009)

hersteller und Energieunternehmen auf einen Normstecker geeinigt, mit dem künftig Elektroautos aufgetankt werden sollen. Der Stecker arbeitet mit einer Leistung von 400 Volt und bis zu 63 Ampere.[131] In unserem Beispiel würde die Ladezeit des Mini-E theoretisch nur noch 2 Minuten betragen. Den Meilenstein auf dem Weg zum weltweit einheitlichen Ladestecker für Elektroautos stellte der Verband der Elektrotechnik Elektronik und Informationstechnik (VDE) vor. Dieser hat einen DIN- und VDE-Standard konzipiert, der alle national unterschiedlichen Sicherheitsaspekte, sowie den physischen Aufbau- und die Kompatibilitätsanforderungen berücksichtigt. Dieser wurde auch bei der internationalen Normungsorganisation IEC (International Electrotechnical Commission) eingereicht. So wird das Betanken mit Ladeströmen von 20, 32 und 63 Ampere mit Einphasen- und Drehstrom[132], mit Einphasenstrom alleine sogar 70 Ampere, bei einer Betriebsspannung von maximal 500 Volt möglich. Besonders zukunftsweisend beim entwickelten Standard ist die Berücksichtigung der doppeltgerichteten Energieübertragung. Somit können Fahrzeuge nicht nur Energie aus dem Versorgungsnetz entnehmen, sondern können diese wieder abgeben.[133] Es gibt verschiedene Konzepte, wie ein BEV oder PHEV betankt werden kann. Die Fahrzeuge können in der heimischen Garage, an einer öffentlichen Ladesäule im Parkhaus oder auf dem Parkplatz des Arbeitgebers „betankt" werden. Der Energiekonzern RWE bietet hier im Rahmen der Elektromobilität ein Komplettpaket für 61.500 € an und liefert dabei den nötigen Strom, das Fahrzeug und die Ladestation.[134] Mit einem RWE Autostrom-Vertrag erhält der Kunde Öko-Strom zu Hause und an öffentlichen RWE-Ladestationen. Das Elektrofahrzeug auf Basis eines Fiat 500, genannt „Micro-Vett 500 E", kann in weniger als 3 Stunden geladen werden. Zusätzlich bietet RWE Unternehmen einen Lieferwagen, den „Micro-Vett Fiorino E", der ebenfalls in 3 Stunden geladen werden kann.[135]

Das Unternehmen geht sogar einen Schritt weiter und bietet umweltbewussten Autosportfans ein „Green Package" bestehend aus einem „Tesla-Roadster", Öko-Strom für 30.000 km und einer Schnellladestation für die heimische Garage an. Damit lässt sich der „Tesla-Roadster" in weniger als 6 Stunden laden und erreicht mit dem Li-Ion-Akku eine Reichweite von 393 km. Zusätzlich zu dem Paket gibt es eine Jahreskarte, für die kostenlose Nutzung aller öffentlichen RWE-Stromtankstellen. Allein in Berlin stehen in Kürze 500 öffentliche Lade-

---

131 Vgl. Ottenbach, Bernd (2009)

132 Vgl. o. V. (2009b); Drehstrom ist eine besondere Art von Wechselstrom. Vorteil ist hier gegenüber dem üblichen Einphasenstrom, dass drei Rückleitungen entfallen. Drehstrom ist die wichtigste und wirtschaftlichste Stromart.

133 Vgl. o.V. (2009c)

134 Vgl. Mündliche Auskunft (2009a)

135 Vgl. RWE (2009)

säulen zur Verfügung.[136] Das Packet hat auch einen stolzen Preis und ist ab 165.233 Euro zu haben.[137] Dadurch forciert das Unternehmen nicht nur das Thema Elektromobilität, sondern sorgt für einen Ausbau der Ladeinfrastruktur und steigert die Kundenakzeptanz.

Abbildung 4.6: RWE Autostrom Komplettpaket bestehend aus Öko-Strom, Ladestation und Fahrzeug

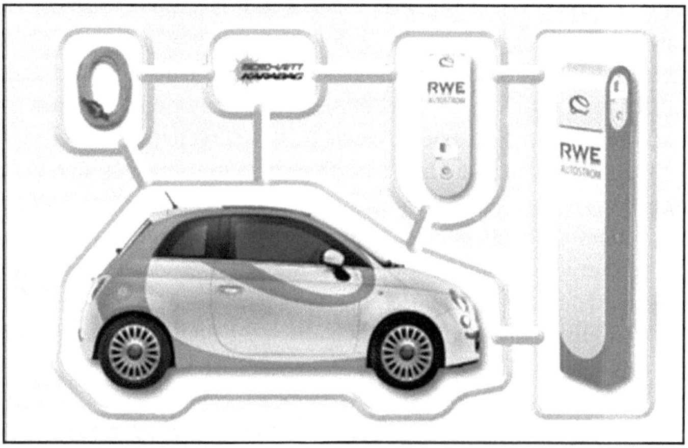

Quelle: RWE (2009)

Das Laden des Fahrzeugs mit einem Kabel hat auch Nachteile. Ein Problem ist hierbei das Wetter, da man auch bei strömendem Regen ein Kabel sowohl am Fahrzeug als auch an einer Steckdose einstecken muss. So können Kriechströme über Nässefilme nicht ausgeschlossen werden und stellen ein Sicherheitsrisiko dar. Ist das Kabel darüber hinaus beschädigt, ergeben sich an einer Starkstromleitung lebensbedrohliche Zustände. Neben dem Sicherheitsaspekt leidet der Komfort erheblich unter dem Ein- und Ausstecken. So muss bspw. ein von Schneematsch und Streusalz überzogenes Kabel eingerollt und im Fahrzeug verstaut werden. Weitere Nachteile die sich ergeben können sind Vandalismus, die Stolpergefahr und der Missbrauch durch so genannte „Stromschnorrer".[138]

136 Vgl. Pflegerl, Markus (2009a)
137 Vgl. Brabus Group (2009)
138 Vgl. Kiefer, Samuel (2009), S. 44

4.4.2 Induktives Laden

Besonders komfortabel ist die Möglichkeit der Ladung des Elektrofahrzeugs ohne Kabel. Damit können die Nachteile der Ladung mit Kabel am besten kompensiert werden, denn es besteht kein Kontakt beim Laden und es wird daher kein Kabel benötigt. Strom wird hierbei von einer unter Strom stehenden Spule, über einen Luftspalt hinweg in das Gegenstück übertragen (Vgl. Abb. 4.7). Bei der Übertragung reicht ein Spalt von 1,5 cm, wobei der Wirkungsgrad 95 % beträgt. Den Meisten begegnet die Möglichkeit der induktiven Ladung morgens nach dem Zähneputzen, wenn die Zahnbürste zum Aufladen in die dafür vorgesehene Vorrichtung gesteckt oder gestellt wird. Die Ladung beginnt automatisch, berührungslos, unsichtbar und sicher, egal wie nass es ist. Einen weiteren Vorteil der induktiven Ladung stellt die kabellose Datenübertragung zum Fahrzeug dar. Das ist besonders bei der Erfassung des Fahrzeugs und Abrechnung wichtig. Induktives Laden schont zudem die Batterie des Fahrzeugs. Man kann das Fahrzeug wesentlich öfter ohne Aufwand betanken, ohne an die Grenzen des Akkumulators gehen zu müssen, denn eine *Tiefentladung* verkürzt die Lebensdauer der Batterie erheblich. Auch die Schnellladung ist schädlich für die Batterie und fällt bei häufigen Ladevorgängen weg. Die induktive Ladung ist im Gegensatz zur konduktiven Ladung typischerweise eine so genannte Gelegenheits- oder Schonladung. Sie läuft regelmäßiger und batterieschonender ab. Neben der Möglichkeit das Fahrzeug ohne Kabel zu beladen, können Induktionsladestationen so aufgebaut werden, dass die Fahrzeuge Energie an das Versorgungsnetz wieder abgeben können.

Abbildung 4.7: Prinzip der induktiven Ladung über Magnetfelder

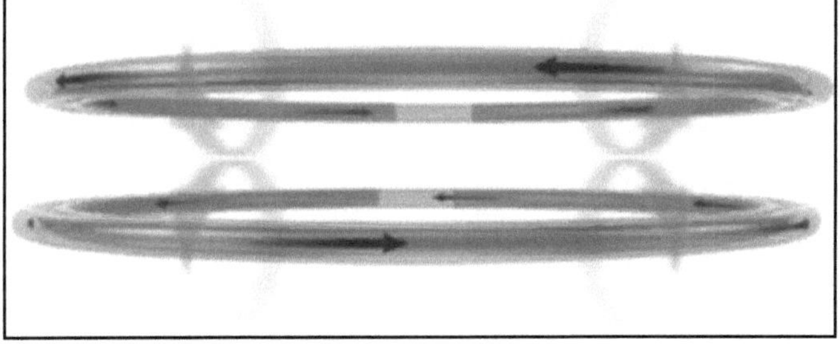

Quelle: Kiefer, Samuel (2009), S. 45

Denkbar ist die Installation der Technologie neben der Garage oder dem Parkplatz vor der Haustür, in Parkhäusern, vor Ampeln und an Stellen, an denen

Fahrzeuge besonders lange zwangsweise stehen müssen. Erfolgreich wurde die Technologie in der Praxis in Genua und Turin mit Bussen umgesetzt. Hier wurden an Bushaltestellen Induktionsschleifen in den Boden eingelassen und sorgen beim Ein- und Aussteigen der Fahrgäste für eine Zwischenladung der Batterie des Fahrzeugs.[139] In Frankreich wurde unter dem Projektnamen *Tulip* ein Konzept mit induktiver Ladung und Abrechnungssystem an einer öffentlichen Ladestation erprobt. Hierbei wurde die Ni-MH-Batterie innerhalb von 3 Minuten auf 90 % der Ladekapazität geladen. Das Fahrzeug kommuniziert dabei mit einem Zentralcomputer, der wiederum aktiviert den Nachladegenerator in der Parkbucht. Ausgelöst wird dieser Vorgang über einen Sender am Fahrzeug, der erkennen lässt, wo sich dieser befindet. Die Abrechnung erfolgt per SMS oder Kredit-, Bankkarte.[140]

4.4.3 Batteriewechselstationen

Bei einem Wechsel der Batterie entfällt für den Besitzer eines BEV das Laden. Wenn man keine Möglichkeit hat das Fahrzeug per Induktion oder konduktiv zu laden, können Stromtankstellen angesteuert werden. Das Fahrzeug fährt über eine Rampe, so dass von unten vollautomatisch die Batterie des Fahrzeugs gewechselt werden kann. Die Batterie wird im Anschluss nach dem Wechsel per Starkstrom für den nächsten Einsatz geladen. Es gibt weltweit nur ein Unternehmen, das sich auf diese Technik spezialisiert hat und dessen Geschäftsmodell darauf beruht. SHAI AGASSIE, ehemaliges Vorstandsmitglied von SAP, hat das Unternehmen *Better Place* mit Sitz in Palo Alto Kalifornien gegründet. Das Unternehmen hat sich auf die Einrichtung der Infrastruktur für BEV spezialisiert. Dazu gehört neben dem Aufstellen von Stromtanksäulen, die Einrichtung und der Aufbau von Batteriewechselstationen.[141] Dabei wird das Fahrzeug mit Batterie vermietet und per gefahrenen Kilometer abgerechnet. Die Kosten je km sind somit vergleichbar mit den üblichen Kosten für Benzin. Wobei der Preis je km für 4 Jahre garantiert werden soll.[142] Darüber hinaus bietet das Unternehmen seinen Kunden die Möglichkeit eine „Strom-Flatrate“ für knapp 350 € zu abonnieren. Besonders interessant ist das Angebot für Kunden, die viel fahren. Die Reichweite einer auf Li-Ion basierenden Wechselbatterie beträgt 160 km und nimmt im Zuge des Alterungsprozesses ab. Hier bietet das Unternehmen Interes-

139 Vgl. Kiefer, Samuel (2009), S. 44 ff.
140 Cornel, Stan (2008), S. 243 f.
141 Vgl. Better Place (2009)
142 Vgl. Brake, Matthias (2009), S. 83

senten die Gelegenheit, die Batterie mit einem Abschlag von 20 % zu kaufen, wenn nur noch eine Strecke von 130 km erreicht werden kann.[143] Der Batteriewechselprozess dauerte in einer Simulation von *Better Place* 1 Minute und 13 Sekunden, wobei man eine Stromtankstelle anfahren muss. Der Wechsel erfolgt anschließend über eine Rampe, hierbei wird die Batterie, die sich am Fahrzeugboden befindet, von unten automatisch ausgetauscht.[144]

143 Vgl. Graunitz, Björn (2009)
144 Vgl. Better Place (2009)

5 Zusammenfassung

Elektromobilität ist keine neue Erfindung, die ersten Elektromobile gab es bereits im Jahr 1881. Einige Jahre später konkurrierte das erste Fahrzeug mit Verbrennungsmotor. Automobile mit Verbrennungsmotor waren im Stadtverkehr unbeliebt, da sie als schmutzig, laut und gefährlich galten. HENRY FORD leitete eine Wende in der Automobilentwicklung ein und setzte auf den Verbrennungsmotor. Im Jahr 1908 produzierte er sein Modell „T“ und konnte durch Rationalisierung und Normung das Fahrzeug am Fließband in Massenproduktion herstellen. Besonders technische Neuerungen wie der elektrische Anlasser und der Ausbau von Autobahnen, führten zu einem Paradigmenwechsel zu Gunsten des Verbrennungsmotors. Mit Benzin und Diesel konnten längere Strecken bewältigt werden, mit einem Elektrofahrzeug war das aufgrund des schweren Blei-Akkus kaum möglich. In den Jahrzehnten danach war das Elektromobil im Zweiten Weltkrieg und der Ölkrise im Jahr 1973 wieder eine interessante Alternative. Der Auslöser war die Abhängigkeit von Öl und in den 70er Jahren kam die Erkenntnis um Umweltauswirkungen der Fahrzeuge hinzu (z.B. Smog, Lärm). Aufgrund der fehlenden Technologie und dem Einsatz von Blei-Akkumulatoren, blieb es bei Prototypen und Feldversuchen, bis heute.

Elektromobilität ist wieder aktuell und steht auf der Tagesordnung der Automobilhersteller, der Energiekonzerne und der Bundesregierung. Die wesentlichen Treiber sind:

- Umweltauswirkung von Automobilen mit Verbrennungsmotor, auf globaler Ebene die Auswirkungen des CO_2-Ausstoß und somit dem anthropogenen Treibhauseffekt. Auf lokaler Ebene der Ausstoß von Schadstoffen wie NO_x, SO_2, PM, HC, PAK und Belastung durch Lärm.
- Ressourcenverfügbarkeit von fossilen Energieträgern, besonders der eingeschränkte Zugang zu Öl, die energiepolitische Abhängigkeit, der steigende Bedarf und der sich daraus ergebende steigende Preis für Öl.
- Legislative Anforderungen, seitens der EU durch die Definierung der Abgasnormen Euro1–6 und der Stufenplan zur Reduzierung des CO_2-Ausstoß von Neuwagen, in Verbindung mit Strafzahlung durch die Automobilhersteller. Maßnahmen der Regierung wie Kfz-Steuer mit CO_2-Anteil, Öko-Steuer Anteil im Kraftstoffpreis und die Einrichtung von Umweltzonen setzten die Automobilhersteller zusätzlich unter Druck.

- Veränderung der Kundenanforderungen durch Sensibilisierung hinsichtlich der Umweltprobleme und höheren Steuern bzw. Abgaben führen zur Forderung nach Automobilen mit geringem Kraftstoffverbrauch, CO_2-Ausstoß und besserer Umweltverträglichkeit.
- Technische Weiterentwicklungen in der Akkumulatortechnologie, ausgelöst durch mobile Geräte, wie Handys und Laptops, wie auch der Weiterentwicklung der Informations- und Kommunikationstechnologie eröffnen den Automobilherstellern neue Möglichkeiten bei der Entwicklung von Elektromobilen

Die bereitgestellte Energie von Elektromobilen kann aus erschöpflichen und unerschöpflichen Quellen, wie Wasserkraft, Windkraft, Sonnenenergie und Biomasse stammen. Der Bezug von Energie aus unerschöpflichen Quellen macht ein Elektromobil erst umweltfreundlich, im Gegensatz zu einem Fahrzeug mit Verbrennungsmotor, dessen Energie überwiegend aus erschöpflichen Quellen stammt. Eine Kombination beider Antriebe als Hybridantrieb ist möglich. Es wird je nach Hybridisierungsgrad oder Elektrifizierungsgrad in Mikro-, Mild- und Vollhybrid unterschieden. Bei Vollhybridfahrzeugen wird noch mal in parallele und leistungsverzweigte, wie auch serielle HEV unterschieden. Vollhybridfahrzeuge erlauben bereits das Fahren mit reinem Elektroantrieb. Dem folgen der PHEV, dessen Batterie extern geladen werden kann und schließlich das rein elektrisch betriebene Elektromobil.

Die wesentlichen Vorteile von Fahrzeugen mit Elektromotor sind im Vergleich zum Verbrennungsmotor der Wirkungsgrad von 95 %, die Rückspeisefähigkeit von Energie, der geringe Wartungsaufwand, geringe Geräuschentwicklung und keine lokalen Emissionen. Problematisch sind der Energiespeicher, die hohen Kosten für Energiespeicher, die geringe Energiedichte und das Fehlen der Ladeinfrastruktur. Bisher kamen Pb-PbO_2-, Ni-Ca- und Ni-MH-Akkumulatoren in Elektrofahrzeugen zum Einsatz. Blei-Säure-Akkus sind auf Grund der geringen Energiedichte zu schwer und das Blei nicht umweltfreundlich. Nickel-Cadmium-Akkus spielen in Zukunft wegen des giftigen und umweltschädlichen Kadmiums keine Rolle mehr. Ni-MH-Akkus finden bis heute noch Anwendung in HEVs, sind jedoch technisch ausgereift. Li-Ion-Akkus erfüllen die Anforderungen am besten und haben die höchste Energiedichte unter den verfügbaren Akkumulatoren. Die Entwicklung steht hier erst am Anfang und ist vielversprechend. Ein Problem sind aktuell die hohen Kosten in der Herstellung für die Li-Ion-Akkus. Weiterhin ist das Recycling von so großen Systemen noch nicht ausgereift und stellt die Automobilhersteller vor die nächste Hürde, wenn es um die Ökobilanz der Batterie im Lebenszyklus geht. Die Akkumulatoren lassen sich generell konduktiv und induktiv laden. Konduktiv erfolgt die Ladung per

Kabel und kann an einer gewöhnlichen Haushaltssteckdose erfolgen. Induktiv verläuft die Ladung ohne Kontakt. Die Energie wird von einer Spule zum Gegenstück im Fahrzeug mit Hilfe von Magnetfeldern übertragen. Neben den zwei genannten Möglichkeiten können die Akkumulatoren in einer Batteriewechselstation ausgewechselt werden. Das Unternehmen *Better Place* hat sich als einzige Unternehmung darauf spezialisiert und baut bereits in einigen Ländern (Israel, Dänemark) die Infrastruktur hierfür auf. Neben dem Wechsel der Batterie ist das Vertriebskonzept interessant, denn das Unternehmen verkauft Kilometer. Im Kilometerpreis sind die Kosten für den Akkumulator, das Fahrzeug und den Strom enthalten. Es gibt verschiedene Verträge für verschiedene Bedürfnisse, die Preise werden für 4 Jahre garantiert. Das Anbieten von Komplettpaketen (RWE, Better Place) forciert zusätzlich die Entwicklung von Elektromobilität, die Installation der Infrastruktur, erhöht die Kundenakzeptanz und ist zukunftsweisend.

6 Herausforderungen, Chancen und Risiken durch Elektromobilität

6.1 Herausforderungen durch Elektromobilität

Die Entwicklung von Elektromobilen geht einher mit neuen Problemen und die sich daraus ergebenden Aufgaben. Dabei stellt Elektromobilität alle Akteure vor neue Herausforderungen, die bewältigt werden müssen, um die Idee des elektrischen Fahrens erfolgreich umzusetzen. Betroffen ist hier jedes Glied der Wertschöpfungskette, von der Beschaffung der Rohstoffe, bis hin zum Vertrieb der Fahrzeuge. Nachfolgend ist in Abbildung 6.1 die Wertschöpfungskette Elektromobilität dargestellt.

Abbildung 6.1: Wertschöpfungskette Elektromobilität

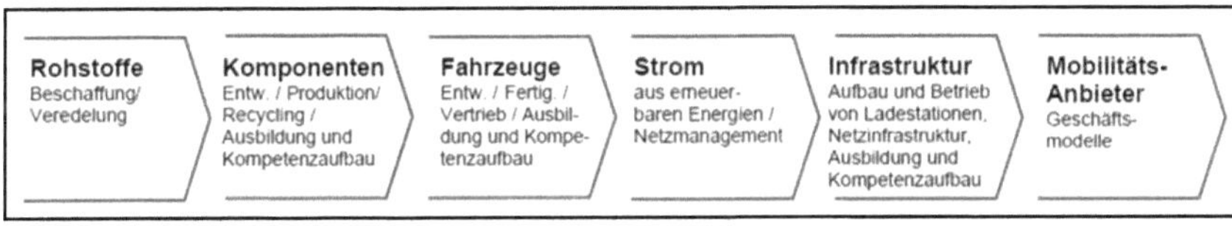

Quelle: Bundesregierung (2009b), S. 9

6.1.1 Rohstoffe

Geht man in der Wertschöpfungskette an den Anfang und betrachtet die Beschaffung von Rohstoffen zur Herstellung von Li-Ion-Akkumulatoren, stößt man bereits auf die ersten Schwierigkeiten. Die größten Lithiumreserven liegen in Bolivien, Chile, Argentinien und China. Weltweit werden die Reserven an Lithium auf 15 Millionen Tonnen geschätzt. Alleine in Südamerika liegen 80 % der Reserven, wobei der größte Teil mit 40 % in Bolivien liegt. Aufgrund des weltweit steigenden Bedarfs an Lithium für Handys und Laptops, steigt entsprechend der Abbau von Lithium. Am Beispiel Chile hat sich die Produktion von Lithium im Jahr 2005 von 8.000 t um 50 %, auf 12.000 t im Jahr 2008 erhöht. Der künftige Bedarf an Lithium übersteigt die heutigen Produktionskapazitäten, worin die Herausforderung für die Zukunft liegt. Ein weiteres Problem ist die geographische Ungleichverteilung von Lithium, ähnlich wie bei Öl. Es besteht die Gefahr der politischen Unsicherheiten, wie auch Abhängigkeiten von wenigen Staaten. Des Weiteren führen temporäre Ungleichgewichte bei Angebot und Nachfrage zu starken Preisschwankungen.[145] Abgesehen davon ist Lithium ein endlicher Rohstoff und steht nicht unendlich zur Verfügung. Bei zukünftig steigenden Marktanteilen von Elektrofahrzeugen, spielt die Gewinnung von Rohstoffen aus Recyclingverfahren daher eine wichtige Rolle. Die Herausforderung besteht in der Entwicklung von wirtschaftlichen Recyclingverfahren und Realisierung von hohen Rücklaufquoten. Es müssen Rücknahmesysteme und entsprechend Kapazitäten geschaffen werden, damit die Versorgung mit Rohstoffen für die Herstellung von Akkumulatoren in Zukunft gesichert ist,[146] ansonsten könnte aus *Peak Oil* in Zukunft „Peak Lithium" werden. Bisher existieren keine spezifischen für Li-Akkus entwickelten Recyclingverfahren. Li-Akkus aus portablen Geräten werden mit unzureichenden Rückgewinnungsquoten recycelt, da Lithium bisher als Rohstoff mit begrenzter Verfügbarkeit vernachlässigt wird.[147] Wie im Kapitel zuvor bereits genannt, gibt es weltweit nur das Unternehmen *Toxco*, das größere Li-Ion-Akkus recyceln kann.[148] Aktuell gibt es positive Entwicklungen in Deutschland in diese Richtung, die hoffen lassen. Das Bundesumweltministerium hat das Forschungsprojekt *LithoRec* gestartet und fördert hierbei die Erforschung von Technologien zum Recycling von Li-Ion-Akkumulatoren, an dem bereits fünf Institute arbeiten und sich das Ziel eines funktionierenden Systems bis Ende 2011 gesteckt haben.[149] Das Frankfurter Unternehmen Chemtall hat mit Hilfe der ersten Fördergelder von 5,7 Millionen Euro aus dem *NEEdB* eine Pilotanlage errichtet, die zur Wiederaufbereitung von Li-Ion-Akkumulatoren dient.[150] Die EU ist auf diesem Gebiet auch aktiv und hat in ihrer *Richtlinie 2006/66/EG* zu Akkumulatoren und Batterien in Artikel 13 (1) die Grundlage für neue Recyclingtechnologien geschaffen. Dabei werden die Mitgliedsstaaten in die Pflicht genommen, die Entwicklung neuer Recycling- und Behandlungstechnologien durch Förderung der Forschung zu unterstützen. Die Richtlinie hingegen muss noch an die neuen Akkumulatoren angepasst werden, da sich diese eher an den im Umlauf befindlichen Batterien/Akkumulatoren orientiert.[151]

145 Vgl. Wallentowitz, Henning et. al. (2010), S. 126 ff.
146 Vgl. Bundesregierung (2009b), S. 12
147 Vgl. o. V. (2009d)
148 Vgl. Hamilton, Tyler (2009)
149 Rolf, Ulrike (2009)
150 Vgl. o.V. (2009d)
151 Vgl. Europäisches Parlament und Europa Rat (2006), Artikel 13 (1)

6.1.2 Komponenten und Fahrzeuge

Unter dem Begriff Technologie können die einzelnen Glieder der Wertschöpfungskette von den *Komponenten* bis hin zur *Infrastruktur* zusammengefasst werden. Die Darstellung erfolgt hier jedoch getrennt.

Die eingesetzten Komponenten wie Elektromotor, Energiespeicher und elektrische Komponenten (z.B. elektrische Heizlüfter) stellen die Entwickler von Elektromobilen vor weitere Herausforderungen. Bezüglich der in Kapitel 4.3.2 beschriebenen Probleme müssen die Batteriekosten erheblich gesenkt werden, da diese die variablen Mobilitätskosten bei Einbeziehung der Amortisationskosten enorm in die Höhe treiben. Die Zielkosten im Massenmarkt liegen hier bei etwa 100 – 300 €/kWh.[152] Die Energiedichte von Akkumulatoren, wie auch die Leistungsdichte müssen gleichermaßen erhöht werden. Dabei ermöglicht die Energiedichte lange Reichweiten, wobei die Leistungsdichte eine schnelle Leistungsabgabe (wichtig beim Boosten, Rekuperation in einem HEV) von Energie ermöglicht. Derzeit gibt es keine Akkumulatoren, die beide Eigenschaften gleichermaßen in sich vereinen. Um langfristig die Reichweiten von PKW mit Verbrennungsmotoren zu erreichen, muss speziell die Energiedichte drastisch erhöht werden. Hier darf sich die Forschung und Entwicklung (FuE) nicht nur auf Li-Ion-Akkumulatoren beschränken, sondern muss alternativ weitere Möglichkeiten der Energiespeicherung erforschen.[153] Neben den Leistungsmerkmalen der Batterie, stellt die Sicherheit, das Volumen, die Aufladezeiten und die Lebensdauer die Forschung vor weitere Herausforderungen. Wie wichtig das Thema um die Energiespeicher bei der Entwicklung von Elektromobilität ist, haben die großen Automobilkonzerne bereits erkannt und so kooperiert bspw. VW und VARTA bei der Entwicklung von leistungsfähigen Akkumulatoren. Im Rahmen der Kooperation wurde das Gemeinschaftsunternehmen *Varta-Microbattery* gegründet und konzentriert sich auf die Forschung und Entwicklung von Akkumulatoren. Dabei werden nicht nur Li-Akkus erforscht, sondern auch andere Möglichkeiten der Energiespeicherung in Akkumulatoren, wie z.B. *Metall-Luft-Akkumulatoren,* geprüft.[154] Des Weiteren forciert Daimler und das auf Batterien spezialisierte Unternehmen Evonik die Massenproduktion und Entwicklung von Li-Akkus. Hierzu wurde das Gemeinschaftsunternehmen *Li-Tec* gegründet, das ausschließlich Li-Zellen herstellt. Die Li-Zellen werden an das Unternehmen *Deutsche Accumotive GmbH* (Anteil Evonik 10 % und Daimler 90 %) geliefert, das wiederum ausschließlich Akkumulatoren für BEV produ-

---

152 Vgl. Hackbarth, André (2009), S. 60
153 Vgl. Bundesregierung (2009b), S. 10
154 Vgl. VARTA Microbattery (2009), S. 1 f.

ziert.[155] Durch die geschlossenen Allianzen gehen die Akteure die Herausforderungen an. Die dadurch entstehenden Synergien lassen hoffen, dass die Probleme zukünftig gelöst werden können. Weitere Herausforderungen bestehen, abgesehen von den Akkumulatoren, bezüglich der Antriebskonzepte und Komponenten der Fahrzeuge. Die doppelte Ausführung der Antriebssysteme bei HEVs ist mit erheblichen Preisaufschlägen verbunden[156]. Darüber hinaus besteht noch ein enormes Potenzial die Konzepte energiesparender zu konzipieren.[157] Zukünftig müssen effizientere Lösungen gefunden werden, um die Kosten und das Gewicht von HEV signifikant zu reduzieren. Auch profan erscheinende Anforderungen benötigen komplett neu überdachte Lösungsansätze. So stellt die Heizung eines BEV ein weiteres Problem dar. Wird ein Fahrzeug mit Verbrennungsmotor durch die Abwärme beheizt, entfällt diese Möglichkeit bei einem BEV. Hier muss eine Heizung installiert werden, die nicht nur zusätzlich Platz einnimmt, sondern von den knappen Energievorräten der Batterie gespeist wird.[158] Dieser Herausforderung hat sich bspw. das Unternehmen Beru aus Ludwigsburg gestellt und eine spezielle Heizung auf Basis von *Hochleistungs-Keramikregister* entwickelt. Das Gerät wiegt nur 0,8 kg und bringt eine Heizleistung von 500 bis 2000 Watt.[159]

Elektrofahrzeuge sollen über Ländergrenzen hinweg verkauft werden, was die Hersteller von Automobilen vor neue Herausforderungen stellt, wenn es um die verschiedenen Stromquellen bei der Betankung eines BEV geht. Die Stecker müssen weltweit einheitlich und über Grenzen hinweg an den Ladestationen kompatibel sein. Daher sind für Stecker, Anschlussleistungen und Sicherheitsmaßnahmen internationale Normen und Standardisierungen zu definieren. In Deutschland wurde bereits durch den VDE-Verband ein Standard konzipiert und bei der internationalen Normungsorganisation IEC eingereicht.[160] Somit gibt es Tendenzen und Ansätze in die Richtung, dass diese Probleme auf internationaler Ebene gelöst werden können.

6.1.3 Strom und Infrastruktur

Trotz der Tatsache, dass Elektrofahrzeuge an jeder Steckdose geladen werden können, muss die Ladeinfrastruktur für Elektrofahrzeuge ausgebaut und verein-

155 Vgl. Engel, Klaus (2009), S. B5
156 Vgl. Hackbarth, André (2009), S. 60
157 Vgl. Oswald, Johannes (2008), S. 82
158 Vgl. Scholz, Gerd (2009), S. 17
159 Vgl. Pflegerl, Markus (2009b)
160 Vgl. o. V. (2009c)

heitlicht werden. Der Ausbau der Infrastruktur ist mit hohen Investitionen verbunden und muss zügig vorangetrieben werden. Der induktiven Ladung wird bisher kaum Aufmerksamkeit geschenkt.[161] Kombinationen aus konduktiver und induktiver Betankung stellen jedoch eine gute Lösung in verschiedenen Situationen dar. Im Zusammenhang mit dem Laden der Fahrzeuge, ergibt sich die besondere Herausforderung der Netzintegration von BEV. Unter der Prämisse, dass ein BEV im Durchschnitt 2.500 kWh/Jahr Strom verbraucht[162] und einer Zielgröße von eine Millionen BEV in 2020 müssten 2,5 TWh Strom zusätzlich pro Jahr zur Verfügung gestellt werden. Das stellt für die Energieversorger keine Herausforderung dar, wenn man den Stromverbrauch von 560 TWh[163] im Jahr 2007 in Deutschland gegenüberstellt. Interessant ist jedoch, dass hiervon 85 TWh Strom aus erneuerbaren Energien stammen und man theoretisch 30 Millionen BEV damit 1 Jahr betreiben könnte.[164]

Der wachsende Anteil von Strom aus regenerativen Energien, wie Sonne und Wind dagegen, stellt die Netzbetreiber vor besondere Herausforderungen. Diese müssen den Strom dann zur Verfügung stellen, wenn dieser benötigt wird. Die Lieferung von Strom muss dabei an den Bedarf angepasst werden, wobei Strom in Fahrzeugen gepuffert und bei Bedarf wieder in das öffentliche Netz rückgespeist werden kann.[165] Bei der Konzipierung der Ladestationen und Elektrofahrzeuge, muss daher die Rückspeisungsmöglichkeit von Strom in das öffentliche Stromnetz berücksichtigt werden. Das *V2G*-Konzept erlaubt Besitzern solcher Fahrzeuge diese als zusätzliche Einkommensquelle zu nutzen. Dabei wird das Fahrzeug bei Stillstand am Netz zu günstigen Grundlastzeiten betankt und der wesentlich teurere Spitzenlastrom tagsüber abgegeben.[166] Die Integration von BEV in das Netz fordert die Kommunikationstechnologien in besonderem Maß heraus. Steuerungs- und Abrechnungssysteme müssen dabei Kleinstabnehmer erfassen können. Das Zwischenspeichern von Strom aus den Fluktuationseffekten erneuerbarer Energien erfordert zu dem anspruchsvolle Regel- und Steuermechanismen. „Der Einsatz fortgeschrittener Informations- und Kommunikationstechnologien ist zur Verstetigung von Lastverläufen, zur Vermeidung ungünstiger Betriebszustände bei Kraftwerks- und Netzkomponenten sowie zur Reduzierung von Regel- und Reservekapazitäten erforderlich.“[167] Ferner geht das Konzept mit den Herausforderungen bei der Entwicklung der Energiespei-

161 Vgl. Grünweg, Tom (2009)
162 Vgl. Conergy Unternehmensberatung (2009a), S. 14
163 Vgl. Umweltbundesamt (2009), S. 1
164 Vgl. Conergy Unternehmensberatung(2009b), S. 14
165 Vgl. Kleimaier, Martin (2009), S. 173
166 Vgl. Brake, Matthias (2009), S. 18
167 Vgl. Bundesregierung (2009b), S. 12

cher einher, da die häufige Lastverschiebung aus dem Netz zu einem raschen Verlust der Batterieleistung in einem BEV führt, denn dies bedeutet eine zusätzliche Erhöhung der Ladezyklen eines Akkumulators.[168]

6.1.4 Geschäftsmodelle

Mit dem Elektrofahrzeug ist eine neue Schnittstelle weg von der Tanksäule, hin zum Stromnetz entstanden. Dabei wurden die zwei Branchen Automobilhersteller und Energieversorger zusammengeführt, die bisher kaum etwas miteinander zu tun hatten. Die Zusammenarbeit, die Forschung und die sich ergebende Synergien stellen beide Akteure vor neue Herausforderungen. Die Vertriebskonzepte müssen daher neu überdacht und Geschäftsmodelle entwickelt werden, um so die Akzeptanz von Elektrofahrzeugen bei den Konsumenten zu erhöhen und die BEV aus der Position eines Nischenproduktes in den Markt einzuführen.[169] Aktuell existieren bereits verschiedene Geschäftsmodelle: der klassische Fahrzeugkauf, Fahrzeugleasing, Car-Sharing, Fahrzeugmiete und zukünftig die Modelle Batterieleasing, wie auch das Geschäftsmodell von Better Place.[170] Diese Geschäftsmodelle sind bisher allgemein bekannt, das Geschäftsmodell Better Place wurde bereits im Rahmen der Möglichkeiten der Batteriewechselstationen für BEV im Kapitel 4.4.3 vorgestellt. Das relativ neue Vertriebskonzept von RWE ein Gesamtpaket anzubieten (siehe Kapitel 4.4.1), neben dem von Better Place, ist richtungsweisend und stellt andere Energieversorgungsunternehmen vor neue Herausforderungen, wenn es um die Organisation der Markteinführungen und Entwicklung von Vertriebskonzepten geht. Am Ende der Wertschöpfungskette steht der Verbraucher. Dieser möchte sich in erster Linie sicher und preisgünstig bewegen. Bisher stehen die Verbraucher dem Elektromobil skeptisch im Sinne von „unwissend“ gegenüber und so fallen „[...] Aussagen wie „Mit dem Elektroauto kann man keine weiten Strecken zurücklegen“, „Wer soll das bezahlen?“, oder „Wo bleibt denn da der Fahrspaß?“ [...]“.[171] Mit zunehmender Aufklärung der Verbraucher können die Unsicherheiten abgebaut werden. So ist es die Aufgabe aller Beteiligten, diese Herausforderung anzunehmen.

---

168 Vgl. Dötsch, Christian (2009), S. 37
169 Vgl. Bundesregierung (2009b), S. 13
170 Vgl. Wallentowitz, Henning et. al. (2009), S. 160 ff.
171 Vgl. Conergy Unternehmensberatung(2009b), S. 12

6.1.5 Qualifizierung und Ausbildung von Personal

Alle Bereiche der Wertschöpfungskette erfordern ausgebildetes und qualifiziertes Personal, denn „[...] Elektromobilität führt zu einem Wandel der Tätigkeiten vieler Beschäftigter, die heute in der Automobil- und Zuliefererindustrie arbeiten [...]".[172] Die Qualifikation und Weiterbildung der Beschäftigten in den Teilbereichen stellt somit alle Akteure vor neue Herausforderungen, um den neuen Aufgaben gerecht zu werden. Neben diesen in der Wertschöpfungskette, ist der Staat gefordert, die Ausbildung von Fachpersonal an Hochschulen zu fördern. Es müssen Ingenieurstudiengänge, Doktorandenprogramme, Stiftungsstühle und Forschungsschwerpunkte in Universitäten und Instituten geschaffen werden. Gewerblich muss Personal bis hin zum Techniker und Meister speziell für Elektromobilität ausgebildet werden.[173]

6.2 Chancen und Risiken durch Elektromobilität

Deutschland verfügt über ein enormes Ingenieurspotential und Ressourcen, um den Wandel in der Automobilindustrie hin zu Elektromobilität umzusetzen.[174] Daraus ergeben sich nicht nur Chancen und Risiken für die Automobilhersteller und ihre Zulieferer, auch alle angrenzenden Industrien sind von den positiven oder negativen Effekten des technischen Wandels betroffen.[175] In den nachfolgenden Punkten sollen die Chancen und Risiken durch Elektromobilität in den Bereichen Umwelt und Technologie, Wirtschaft und Markt, sowie branchenübergreifend aufgezeigt werden. Automobile sind ein globales Thema, wodurch eine differenzierte Betrachtung der Chancen und Risiken für die deutsche Automobilbranche notwendig ist. Aus den Herausforderungen und Problemen, die im Kapitel zuvor diskutiert wurden, können die Chancen und Risiken in den verschiedenen Bereichen teilweise abgeleitet werden.

6.2.1 Umwelt und Technologie

Durch Elektromobilität ergibt sich die Chance den Anteil der erneuerbaren Energien im Strom-Mix zu steigern und den CO_2-Ausstoß entsprechend zu redu-

---

172 Vgl. Bundesregierung (2009b), S. 40

173 Vgl. Bundesregierung (2009b), S. 41

174 Dies bezieht sich nicht auf den Mangel, sondern auf die Fähigkeiten und Möglichkeiten in der Automobilbranche, die Umsetzung anzugehen.

175 Vgl. Schumann, Rolf (2009), S. 201 f.

zieren. Durch *V2G* können die Fluktuationen durch erneuerbare Energien besser im Stromnetz gesteuert und der weitere Ausbau gefördert werden. Strom könnte bei Erreichen von Produktionsspitzen in den Batterien gespeichert und bei steigender Nachfrage wieder eingespeist werden. Das Lastenmanagement von Strom aus regenerativen Energien führt somit zu einer effizienteren Nutzung der bestehenden Kraftwerkparks und verringert dadurch CO_2-Emissionen.[176] PKWs sind etwa 22 Stunden pro Tag geparkt und BEV würden entsprechend dem Versorgungsnetz in einer neuen Funktion zur Verfügung stehen. Das *EEG* strebt das Ziel von 30 % erneuerbaren Energien am gesamten Bruttostromverbrauch bis zum Jahr 2020 an. Somit wird deutlich, wie wichtig die Technologie zur besseren Lastensteuerung für die EE in Zukunft sein wird.[177] Ein BEV, das effektiv nur durch Windkraft erzeugtem Strom geladen wurde, hätte einen CO_2-Ausstoß von 2,8 g/100 km.[178] Betrachtet man die Emissionen eines BEV genauer, ergibt sich im Vergleich der verschiedenen Zusammensetzungen von Strom und Energieversorger folgendes Bild:

Tabelle 6–1: CO_2-Ausstoß eines BEV je km und kWh nach Energieversorger / Tank-to-Wheels Betrachtung

Strommix / CO_2-Ausstoß je km BEV nach Energieversorger				
CO_2-Ausstoß	DE Strommix	Vattenfall	RWE	Lichtblick
Je kWh	553 g/kWh[179] (Jahr 2008)	594,1 g/kWh[180] (Jahr 2007)	749 g/kWh[181] (Jahr 2007)	0 g/kWh[182] (Jahr 2009)
Je km BEV[183] Klein-/Mittel-/ Oberklasse-wagen	83/111/166 [g CO_2 / km]	89/119/178 [g CO_2 / km]	112/150/225 [g CO_2 / km]	0 [g CO_2 / km]

Quelle: Eigene Darstellung und Berechnung nach Angaben von Verivox.de

176 Knie, Andreas; Canzler, Weert (2009), S. 20 ff.

177 Vgl. Bundesministerium für Umwelt, Naturschutz und Reaktorsicherheit (o. J.)

178 Vgl. Schumann, Rolf (2009), S. 202 f.

179 Vgl. Verivox (2009a); Bundesdeutscher Durchschnitt: 59 % Fossil, 25 % Nuklear (0,0007 g/kWh radioaktiver Abfall), Regenerativ 16 %

180 Vgl. Verivox (2009a); Vattenfall Berlin Klassik Privat Strommix: 81,5 % Fossil, 18,5 % Regenerativ

181 Vgl. Verivox (2009b); RWE Strom Klassik Strommix: 66 % Fossil, 18 % Regenerativ, 16 % Nuklear (0,0004 g/kWh radioaktiver Abfall)

182 Vgl. Lichtblick (2009); LichtBlick-Strom: 100 % regenerativ

183 Berechnung am Beispiel BEV klein: Strommix * 15 kWh /100 = g CO_2 / km; Mittel 20 kWh/100 km; Oberklasse BEV 30 kWh/100 km

Somit zeigt sich, dass der CO_2-Ausstoß je km stark abhängig ist vom angebotenen Strommix und der Größe eines BEV. Für den umweltbewussten Verbraucher ergibt sich somit die Chance, die Emissionen des Fahrzeugs zukünftig stärker beeinflussen zu können. Für den Staat hingegen ergibt sich die Chance, seine umweltpolitischen Ziele besser umzusetzen. Ein BEV der Mittelklasse würde heute bereits die Erwartungen der EU von 130 g CO_2/km in 2012 erfüllen, wenn ein BEV mit dem deutschen Strommix betankt werden würde. Bei der Gegenüberstellung muss man beachten, dass nur die „Klassik Varianten" des Strommix der Energieversorger herangezogen wurde. Es gibt zusätzlich Varianten, die hauptsächlich Kernenergie, fossil- oder erneuerbare Energiequellen verwenden. Bei Kernenergie muss man zusätzlich den entstehenden radioaktiven Abfall berücksichtigen, der sehr problematisch bei der Entsorgung ist und endgelagert werden muss. Weiter muss man berücksichtigen, dass es sich bei den Angaben um *Tank-to-Wheels* Angaben handelt. Das führt bei einer *Well-To-Tank*[184] (Vgl. Kap. 3.1, Abb. 3.4) Betrachtung bei erneuerbaren Strommix im *Worst-Case-Szenario* zu 30 [g CO_2/kW] und entspricht 6 [g CO_2/km] bei einem Mittelklasse BEV.[185] Unabhängig von der Höhe des CO_2-Ausstoßes ergibt sich grundsätzlich die Chance lokal emissionsfrei zu fahren. Zusätzlich könnte der von PKW verursachte Lärm enorm reduziert werden. Bei steigender Elektrifizierung des Straßenverkehrs und Einsatz von BEV und HEV, sinkt der Bedarf an Benzin und Diesel. Die starke Abhängigkeit von Erdölimporten im Verkehrssektor lässt sich in Zukunft lösen und führt zu einer langfristigen Sicherung der Mobilität. Der Wechsel von Öl auf Strom als Energiequelle für Mobilität geht mit der Zunahme erneuerbarer Energien (EE) einher. Strom aus einer Quelle zu beziehen, die wiederum fossile Energieträger für die Erzeugung von Strom nutzt, lässt den Effekt der Ressourcenschonung und Unabhängigkeit von Importen entschwinden. Man muss jedoch berücksichtigen, dass durch die Nutzung von Strom als Antrieb eines Fahrzeugs, die Rohstoffbasis enorm ausgeweitet wird. Nicht nur Öl, sondern alle Energieträger die der Stromerzeugung dienen, können zum Einsatz kommen. EE spielen jedoch als Energiequelle eine wichtige Rolle, da diese gerade die Ressourcen schonen und uns unabhängiger von Importen machen. Für die EE besteht die Chance einen zusätzlichen Schub durch die Entwicklung von BEV zu bekommen. Die Erzeugung von Strom aus EE dient hierbei nicht nur

---

184 Vgl. Fritsch, Uwe R. et. al. (2007), S. 10; „Bei den erneuerbaren Energien wird die Treibhausgasbilanz, wie bei der Energieeffizienz auch, vorwiegend durch die Herstellung der Energiewandler (Solarzellen, Windrotoren usw.) bestimmt, einzig bei Biomasse gibt es noch andere vorgelagerte Prozesse."

185 Vgl. Engel, Tomi (2007), S. 53

ausschließlich dem Straßenverkehr und stellt eine Chance für die zukünftige Stärkung der Versorgungssicherheit mit Energie insgesamt dar.[186]

Ein Risiko für die Umwelt stellt die Entwicklung alternativer Kraftstoffe wie *Coal-To-Liquids* (CtL) und *Gas-To-Liquids* (GtL) dar. Würde man bspw. einen VW Golf mit verflüssigter Kohle fahren, stößt dieser 370 g CO_2/km aus.[187] Auch das Fahren mit Gas ist nicht wirklich umweltfreundlich oder ressourcenschonend, da in unserem Beispiel der VW Golf 150 g CO_2/km ausstoßen würde. Die Zahl der mit Gas betriebenen Fahrzeuge nimmt immer mehr zu. Im Jahr 2000 waren weltweit eine Millionen Fahrzeuge mit Gas auf den Straßen unterwegs, im Jahr 2008 waren es bereits neun Millionen PKW.[188] Neben den alternativen Kraftstoffen, besteht die Gefahr, dass zukünftig seltene Metalle nicht mehr für die Massenproduktion verschiedener Komponenten zur Verfügung stehen. Hiervon sind bspw. bei einem HEV oder BEV die Rohstoffe Neodym für die Elektroantriebe betroffen. Im Jahr 2030 sieht es dramatischer aus, denn laut dem Frauenhofer Institut soll dieser Rohstoff bis dahin 3,8-Mal mehr nachgefragt werden und liegt zudem geographisch zu 97 % in China. Das für Akkumulatoren zusätzlich benötigte Kobalt stammt bspw. überwiegend aus den von Kriegen erschütterten Regionen, wie der Demokratischen Republik Kongo.[189] Die Knappheit der Rohstoffe kann zur Folge haben, dass zukünftig die Preise stark steigen. Damit wäre einer der wichtigen Kriterien betroffen, wenn es um die Senkung der Fahrzeugkosten und Kosten für Komponenten wie die Akkumulatoren geht. Bei dieser Entwicklung nimmt die Recyclingwirtschaft an Bedeutung zu, da durch die Rückgewinnung von Rohstoffen die Versorgung gesichert und Ressourcen geschont werden können.

6.2.2 Wirtschaft und Markt

Die Automobilbranche hat mit der Elektromobilität die Möglichkeit ihr Produktportfolio zu erweitern und auf die Ansprüche der Verbraucher besser einzugehen. Die verschiedenen Antriebskonzepte können sich an den differenzierten Kundenanforderungen und den verschiedenen automobilen Nutzungsformen, wie Langstrecke, Überlandverkehr und Stadtverkehr orientieren. Somit bietet Elektromobilität die Chance der zukunftsorientierten Entwicklung hin zur nachhaltigen Mobilität. Ein Risiko besteht im Zusammenspiel von Automobilindust-

186 Vgl. Pehnt, Martin; Höpfner, Ulricht (2007), S. 3 ff.
187 Vgl. Deutsche Gewerkschaft für Sonnenenergie (2007)
188 Vgl. Heymann, Eric (2009), S. 13
189 Vgl. o. V. (2009e), S. 8.

rie, Kunden, Infrastruktur und der Gesetzgebung. Besonders die Kunden spielen dabei eine wichtige Rolle, denn diese müssen die Mobilitätslösungen annehmen, die durch die Autohersteller angeboten werden. Ergebnissen des Marktforschungsinstituts Puls zur Folge, ist in Deutschland 32,1 % der Fahrzeugkäufer die Umweltverträglichkeit beim Autokauf sehr wichtig, 57,2 % ist es wichtig, wobei es dem Rest weniger bis unwichtig ist. An erster und zweiter Stelle jedoch stehen Indien und China. In China ist 34,5 % der Befragten die Umweltverträglichkeit beim Autokauf sehr wichtig, in Indien sind es sogar 62,7 %.[190] Die Nachfrage nach umweltverträglichen Fahrzeugen ist vorhanden und bietet eine Chance, dieser mit einem entsprechenden Angebot zu antworten. Dafür muss eine Infrastruktur vorhanden sein, ohne diese die Potenziale nachhaltiger Mobilität nicht optimal ausgeschöpft werden können und zudem die Akzeptanz der Kunden sich verringert. Damit die Innovationsfähigkeit der Automobilindustrie in Zukunft unvermindert mit der heutigen Performance auf diesem Gebiet weitergehen kann, ist das Setzen von Rahmenbedingungen durch die Politik notwendig. Dabei kann der Staat bspw. für die Marktdurchdringung von Elektromobilität wichtige Impulse liefern und Anreize schaffen.[191] Ein weiteres Risiko besteht in der Entwicklung der gegenwärtigen Technologie. Die Batterie, wie zuvor beschrieben, ist bisher das „Sorgenkind" der Automobilhersteller. Hier sind signifikante Fortschritte notwendig, um die Idee des elektrischen Fahrens umzusetzen und die Mobilität in Zukunft zu sichern. Die Schwierigkeiten mit den Akkumulatoren stellen die Automobilhersteller nicht nur vor Herausforderungen, sondern sind ein Risikofaktor, der bei Verfehlen der Entwicklungsziele seine Wirkung voll entfalten kann. Aktuell sind z.B. Zusatzkosten von 5.000 bis 20.000 € bei einem BEV mit Li-Akku zu rechnen. So könnte der Mini Cooper für ca. 17.800 € Listenpreis mit einem großen Li-Akku zwischen 35.000 und 40.000 € kosten.[192] Darüber hinaus müsste bei 4 bis 6 Jahren Lebenszeit des Akkus, erneut eine Investition von 5.000 bis 10.000 € getätigt werden. Das Risiko der hohen Kosten dominiert in der aktuellen Entwicklung, den laut einer Umfrage des Marktforschungsunternehmens Puls in Nürnberg, ziehen 50 % der Befragten den Kauf eines BEV nur vor, wenn eine Reichweite von über 250 km erreicht werden kann und 14 % sind bereit im Durchschnitt 2.250 € mehr für ein BEV zu zahlen. In der Enttäuschung der Kunden, liegt die nächste Gefahr. „Die starke Medienpräsenz von Elektro- und Hybridfahrzeugen hat eine enorme Erwar-

---

190 Vgl. Weßner, Konrad (2007); Zum Design der Umfrage: Befragt wurden insgesamt N = 3000 im Zeitraum April 2005 – April 2006. Dabei wurden 505 Personen in Deutschland, 534 Personen in China und 518 in Indien befragt.

191 Vgl. Marek, Sina (2009), S. 21 f.

192 Vgl. BMW Group (2006), S. 3

tungshaltung beim Autokäufer geschürt."[193] Neben den Chancen für Automobilhersteller, zukünftig ihre Absätze zu sichern, bietet sich diese Gelegenheit für die angrenzende Informations- und Kommunikationstechnologie- (IKT-Industrie), wie auch Zuliefererindustrie. Für sie ergibt sich mit den einzelnen Komponenten eines Elektrofahrzeugs, wie dem Elektromotor, der Batterie, dem Antriebsstrang und der Steuerung die Chance den Absatz als Lieferant zu sichern, weiter auszubauen und zu innovieren.[194] Besonders im Bereich der Innovationen ergeben sich für die IKT-Industrie neue Möglichkeiten, da Themen wie *V2G*, *Netzintegration* von BEV und *Lastmanagement* den umfassenden Einsatz von Informations- und Kommunikationstechnologien erfordern.[195] Die Zulieferer von Fahrzeugkomponenten erleben ebenfalls einen Innovationsschub, diese haben die Möglichkeit sich auf neuen Feldern zu spezialisieren und auf die Nachfrage von Komponenten für Elektromobile entsprechend einzugehen. Continental ist als einer der bekanntesten Systemlieferanten für Automobile auf dem Gebiet aktiv und bietet bereits eigens für Elektrofahrzeuge entwickelte Komponenten an.[196] Die großen Zulieferer wollen die Chance nutzen und zukünftig Systemlieferanten für die neuen Elektroautos werden.[197] „[...] Das Interesse der Energieversorgungsunternehmen an neuen Absatz- und Geschäftsfeldern ist das treibende Motiv für ihr Engagement im E-Mobility-Bereich [...]“,[198] wobei neben diesen Chancen sich für Energieversorger eine bessere Steuerung der EE durch *V2G* bietet und die effizientere Nutzung von Kraftwerkskapazitäten. Eine effizientere Nutzung von Kraftwerken kann zu dem helfen, CO_2 und somit Emissions-Zertifikate einzusparen. Neben dem Druck der Konsumenten und der Legislative besteht für die deutsche Automobilindustrie die Gefahr des Verlustes von Marktanteilen. Die asiatischen Hersteller sind den deutschen Herstellern in Sachen Elektromobilität weit voraus, insbesondere bei HEVs. Bisher konnte die deutsche Automobilindustrie nur einen gemeinsamen Stecker zum Laden von Elektromobilen vorweisen, jedoch weder einen BEV noch PHEV, um diese einzusetzen.[199] Der Hersteller Toyota hingegen bringt bereits die dritte Generation seines Vollhybrid „Prius“ auf den Markt, der seit 1997 erfolgreich in Großserie produziert wird.[200] Weiter besteht die Gefahr, dass sich Konkurrenten aus dem Ausland auf dem Gebiet der HEV und BEV schneller entwickeln und sich einen

193 Vgl. Scholz, Gerd (2009), S. 19
194 Vgl. Bindel, Ralf (2009), S. 9
195 Vgl. Knie, Andreas; Canzler, Weert (2009), S. 22
196 Vgl. Continental (2009)
197 Vgl. Fasse, Markus; Herz, Carsten (2009)
198 Vgl. Knie, Andreas; Canzler, Weert (2009), S. 21 f.
199 Vgl. o. V. (2009), S. 13
200 Vgl. Toyota (2009)

Zeitvorsprung erarbeiten. Die Chance zukünftig Deutschland zum Leitmarkt für Elektromobilität zu entwickeln, wäre somit langfristig gefährdet. Die Auswirkungen wären für den Standort Deutschland fatal, denn in den klassischen Bereichen der Fahrzeugherstellung droht der Wegfall von Arbeitsplätzen, die wiederum in anderen Märkten neu aufgebaut werden.[201] Da global und auf dem heimischen Markt mehrere Akteure an der Entwicklung von Elektromobilen arbeiten, besteht zudem die Gefahr der Entwicklung von technischen Insellösungen. Damit sind Systeme gemeint, die innerhalb ihrer eigenen Grenzen funktionieren, jedoch nicht zu verwandten oder ähnlichen Systemen kompatibel sind. Eine Standardisierung ist somit für alle Akteure unvermeidbar und kann bei Fehlen dieser eine Marktdurchdringung behindern.

6.2.3 Branchenübergreifend

Im Wandel der Automobilindustrie können Arbeitsplätze geschaffen und langfristig gesichert werden. Dabei beschränkt sich die Schaffung neuer und Sicherung der alten Arbeitsplätze nicht nur auf die direkt betroffene Automobilbranche, sondern auf alle Bereiche der Wertschöpfungskette. Die Unternehmensberatung McKinsey prognostiziert in einer Studie den Wegfall von ca. 46.000 Arbeitsplätzen weltweit im Bereich Motoren, Getriebe, Abgasanlagen, Autohandel und Werkstätten. Dabei sollen in den Bereichen Entwicklung und Herstellung von Batterien ca. 140.000 neue Stellen bis zum Jahr 2020 entstehen.[202] Am Beispiel BMW spiegelt sich das aktuelle Geschehen wieder, so sucht BMW händeringend mehrere Hundert qualifizierte Ingenieuren in dem Bereich Elektromobilität, die im Zuge des strategischen Wechsels rekrutiert werden sollen. Dem steht ein konzernweiter Abbau von 10.000 Jobs in den klassischen Bereichen gegenüber. Die Nachfrage übersteigt jedoch insgesamt das Angebot. Waren vor 10 Jahren 15.000 Ingenieure arbeitslos gemeldet, sind es in der Krise nur noch 3.000 Ingenieure, zudem sind noch 11.000 offene Stellen ausgeschrieben. Mit 9.000 Absolventen pro Jahr verlassen laut dem Deutschen Verein für Ingenieure (VDI) zu wenig Studenten die deutschen Hochschulen. Der Markt ist faktisch leergefegt. Besonders die Schnittstellen zwischen den branchenfremden Bereichen erfordern qualifiziertes und spezialisiertes Personal, wodurch neue Arbeitsplätze entstehen können. So erhoffen sich die deutschen Automobilhersteller durch Kooperationen in Asien, Südkorea und Japan vom Vorsprung in der Lithium-Ionen-Technologie lernen und Mitarbeiter rekrutieren zu können. Die

201 Vgl. McKinsey (2009)
202 Vgl. McKinsey (2009)

Lücke soll hier über Kooperationen und Allianzen geschlossen werden, am Beispiel von VW und Audi kooperieren diese mit dem chinesischen Unternehmen Build Your Dreams (BYD), Panasonic und Toshiba.[203] Die dabei entstehenden Synergie- und Lerneffekte bieten weitere Chancen für die beteiligten Unternehmen, sich langfristig auf dem Gebiet zu etablieren und durchzusetzen. Elektromobilität erfordert hohe Investitionen, sei es in die Infrastruktur, FuE, Produktion oder Qualifizierung von Personal. Fehlende oder nicht ausreichende Investitionen in diesem Bereich gefährden insgesamt die Entwicklung. Weiter besteht ein Risiko in der Kooperation zwischen den Beteiligten Akteuren. Reibungspunkte müssen überwunden werden, da es sonst in der Zusammenarbeit zum Stillstand kommen und sich als Nachteil für alle auswirken kann.[204] Diesem Risiko will bspw. der Staat entgegenkommen und plant eine Geschäftsstelle Elektromobilität. „Sie soll die bislang zwischen den Ministerien Wirtschaft, Verkehr, Umwelt und Forschung zersplitterte Zuständigkeiten koordinieren."[205] Dabei geht es um die Frage, wer die 500 Mio. Euro Fördermittel für die Forschung im Bereich Elektromobilität verteilt, die bis Ende 2011 fließen sollen. Reibungspunkte gibt es zwischen den Ressorts zu genüge, eine Klärung könnte im Februar 2010 im Rahmen des Mobilitätskongress im Bundeskanzleramt erfolgen.

6.2.4 Chancen und Risiken im Überblick

In der Tabelle 8–1 im Anhang, werden die Chancen und Risiken der vorgestellten Bereiche zusammengefasst aufgeführt. Die scharfe Abgrenzung stellt sich als sehr schwierig dar, da sich jeder Bereich mit jedem überschneiden kann. Nimmt man z.B. das *V2G* Konzept, ergeben sich nicht nur Chancen für die Umwelt, da die EE ausgebaut werden können aufgrund der besseren Steuerung von Fluktuationen, sondern die Energiewirtschaft hat dadurch ebenfalls ein Instrument gewonnen zur besseren Steuerung der Kraftwerkskapazitäten. Darüber hinaus bieten sich Chancen auf dem Gebiet für IKT-Industrien zu innovieren und entsprechend ihren Absatz, Arbeitsplätze zu sichern. Elektromobilität ist ein übergreifendes und sehr komplexes Gestaltungsfeld, „[...] das über den rein technischen Ansatz (Fahrzeuge, Systeme und Infrastruktur) hinausgeht [...]"[206] und dabei Einfluss auf einen entscheidenden Teil der persönlichen Freiheit nimmt: die Mobilität.

---

203 Vgl. Fasse, Markus; Herz, Carsten (2009)
204 Vgl. Vgl. Knie, Andreas; Canzler, Weert (2009), S. 20
205 Vgl. Delhaes, Daniel (2009)
206 Vgl. Bundesregierung (2009b), S. 5

7 Umsetzungsmöglichkeiten in die Praxis

7.1 Einführung in das Kapitel

Elektroautos stehen bei Energieversorgern, der Automobilbranche und angrenzenden Industrien auf der Tagesordnung. Es gibt verschiedene Möglichkeiten und Überlegungen, wie zukünftig Elektromobilität den Weg in unseren Alltag finden könnte. Bis auf wenige Hybridfahrzeuge, prägen bisher PKWs mit Verbrennungsmotor unser Straßenbild. Forderungen seitens der Verbraucher und des Staates nach umweltverträglichen Fahrzeugen werden immer lauter. In diesem Kapitel sollen Wege aufgezeigt und diskutiert werden, wie Elektromobilität bereits heute sinnvoll eingesetzt werden können. Dabei sollen die zuvor beschriebenen Probleme, Herausforderungen, Chancen und Risiken berücksichtigt und an aktuellen Beispielen belegt werden. Bei der Umsetzung von Elektromobilität spielt der Staat eine wichtige Rolle, da sich dieser mit dem „Nationalen Entwicklungsplan Elektromobilität der Bundesregierung" (NEEdB) aktiv an der Umsetzung beteiligt und somit den Prozess in allen Phasen unterstützt. Daher wird der Diskussion der praktischen Umsetzungsmöglichkeiten, der NEEdB mit seinen Zielen, Maßnahmen und Aktivitäten, wie auch zeitlichen Planung vorgezogen.

7.2 Staatliche Förderung im Rahmen des Nationalen Entwicklungsplan Elektromobilität der Bundesregierung (NEEdB)

Die Bundesregierung beschloss, die Forschung und Entwicklung, Marktvorbereitung und -einführung von Elektroautos zu unterstützen. Hierzu wurde im August 2009 der NEEdB verabschiedet. Der Plan sieht vor, die Entwicklung und Markteinführung von Elektrofahrzeugen voranzutreiben und den Bestand bis 2020 auf eine Millionen Elektrofahrzeuge zu erhöhen. Darüber hinaus wird bis 2030 ein Fahrzeugbestand von fünf Millionen Fahrzeugen angestrebt. Ende August 2009 ist bereits das Förderprojekt „Modellregionen Elektromobilität" in diesem Rahmen angelaufen, das mit 500 Mio. Euro aus dem *Konjunkturpaket II* finanziert wird. Dabei wird in acht deutschen Regionen der Aufbau und Betrieb einer Infrastruktur für Elektrofahrzeuge erprobt, wie bspw. in Berlin/Potsdam mit dem „Mini-E“ von BMW in Kooperation mit Vattenfall und dem „Smart ed“ von Daimler in Kooperation mit RWE.[207]

7.2.1 Zielsetzungen des Entwicklungsplans

Die Bundesregierung hat sich zum übergeordneten Ziel gesetzt, Deutschland zum Leitmarkt für Elektromobilität zu entwickeln. Damit soll langfristig die Wettbewerbsfähigkeit der Automobil- und Zuliefererindustrie, als tragende Säule der deutschen Industrie, gesichert werden. Dabei werden die Ziele des NEEdB mit den Zielen des Konjunkturpakets II der Bundesregierung verknüpft. Dieser hat das Ziel „[...]kurzfristige konjunkturelle Effekte mit der langfristigen Stärkung der Zukunftsfähigkeit Deutschlands zu verbinden[...].“[208] Mit dem Konjunkturpaket II wurde der Pakt für Beschäftigung und Stabilität, Sicherung der Arbeitsplätze, Stärkung der Wachstumskräfte und Modernisierung des Landes beschlossen. Hierbei sollen in der krisenhaften konjunkturellen Lage, die Forschungs- und Entwicklungsaktivitäten der Automobil- und Zuliefererindustrie ausgebaut werden, wobei damit die technologische Führerschaft und Besetzung entsprechender Marktpositionen angestrebt wird. Von der Zielerreichung profitieren laut NEEdB weitere Wirtschaftsbereiche, wie z.B. Energieversorger, Stadtwerke, IKT-Dienstleister und Forschungsinstitutionen.[209]

Zur Erreichung der übergeordneten Ziele werden diese auf 19 Teilziele herunter gebrochen. Diese sind wiederum fünf Gruppen zugeordnet. Alle 19 Teilziele aufzuführen und zu beschreiben, würde den Rahmen dieser Arbeit sprengen. Daher werden die Ziele jeder Gruppe zusammengefasst vorgestellt:[210]

1. ***Elektromobilität trägt zur Umsetzung der energie- und klimapolitischen Ziele bei***

   In dieser Gruppe sollen die klimapolitischen Ziele durch den Ausbau erneuerbarer Energien erreicht werden. Dabei soll der Strom für BEV nur aus dem fluktuierenden EE-Strom bezogen und BEV in das Netz mit Hilfe von Informationstechnologien integriert werden.

---

207 Vgl. Leschus, Leon et. al. (2009)
208 Vgl. Bundesregierung (2009b), S. 5
209 Vgl. Bundesregierung (2009b), S. 4 f.
210 Vgl. Bundesregierung (2009b), S. 17 ff.

2. *Deutschland soll zum Leitmarkt für Elektromobilität werden*

Die Führungsrolle der deutschen Automobil- und Zuliefererindustrie soll gesichert werden. Dazu müssen Produktionskapazitäten für Zell- und Batteriesysteme aufgebaut und eine zugehörige Kreislaufwirtschaft installiert werden. Wachstum soll durch neue Geschäftsmodelle, Produkte und Dienstleistungen generiert werden, wobei der öffentliche Sektor innovationsorientiert Beschaffungsmanagement betreibt. Zusätzlich soll die Standardisierung gefördert und international stärker positioniert werden.

3. *Innovationen sind der Schlüssel zum Erhalt und Ausbau der Wettbewerbsfähigkeit*

Ziel ist es, Wirtschaft und Wissenschaft im Bereich der Forschung zu verzahnen. Entlang der Wertschöpfungskette die verschiedenen Branchen Automobil, Energie und Informationstechnik zusammenzuführen und dadurch einen Innovationsschub zu zünden. Die gesamte Forschung soll in allen Bereichen gefördert und vernetzt werden. Dabei soll langfristig die Innovationsdynamik durch Ausbildung von technisch-wissenschaftlichem Nachwuchs gesichert werden.

4. *Neue Mobilität*

Hier soll die Strategie „Weg vom Öl" weiter umgesetzt und Elektromobilität in einer neuen Mobilitätskultur und in die Stadt- und Raumplanung einbezogen werden. Elektrofahrzeuge sollen insbesondere auch im Nahverkehr eingesetzt werden, wobei bis 2020 eine Millionen Elektrofahrzeuge, im Jahr 2030 fünf Millionen BEV auf den Straßen fahren sollen. Weitere zwei Dekaden später sollen im Stadtverkehr keine fossilen Brennstoffe mehr zum Einsatz kommen. Die Unterstützung bezieht sich hierbei auch auf den innerstädtischen Lieferverkehr, den öffentlichen Nahverkehr und Zweiräder.

5. *Gesellschaftliche Rahmenbedingungen schaffen*

Als Grundvoraussetzung zur Erreichung der klima- und wirtschaftspolitischen Ziele ist die Aufgeschlossenheit der Gesellschaft gegenüber den Veränderungen im Bereich Mobilität notwendig. Ziel ist in diesem Rahmen Transparenz und Information über die Umsetzung des Entwicklungsplans, wie ein breiter Dialog mit der Bevölkerung. Bewertungen von Chancen, Herausforderungen und Zielen werden laufend angepasst. Weiteres Ziel ist, die

Akzeptanz und Markteinführung durch regulatorische Maßnahmen und geeignete Anreizsysteme zu unterstützen.

7.2.2 Maßnahmen und Aktivitäten der Bundesregierung

Die Maßnahmen und Aktivitäten der Bundesregierung konzentrieren sich im Rahmen der Förderung Elektromobilität auf die Forschung und Entwicklung, die Rahmenbedingungen und die Märkte. Wie bei den Zielen werden auch hier die wesentlichen Förderschwerpunkte vorgestellt.

Im Schwerpunkt FuE werden Aktivitäten im Bezug auf Energiespeicher, Fahrzeugtechnik, wie auch System- und Netzintegration gefördert. Die Forschung und Entwicklung von Energiespeichern wird in der eigens hierfür gegründeten *Innovationsallianz Lithium-Ionen-Batterien* (LIB 2015) mit 60 Millionen Euro gefördert. Dabei beteiligt sich die Industrie an den FuE-Aktivitäten mit 360 Millionen Euro. Neben den Li-Akkus werden weitere 35 Millionen Euro im Zeitraum von 2009 bis 2012 für die Erforschung von Energiespeichern bereitgestellt. Die Förderung zielt hier insbesondere auf die Eigenschaften der Akkumulatoren, wie die Erhöhung der Energiedichte, Leistungsdichte, Zyklenfestigkeiten und Verbesserung der Sicherheitseigenschaften ab. FuE Aktivitäten im Bereich alternative Antriebe/Hybridkonzepte werden bis zum Jahr 2010 mit 30 Millionen Euro unterstützt. Die gegründete *Innovationsallianz zur Automobilelektronik* (EENOVA) zwischen führenden Automobilherstellern und Zulieferern konzentriert sich bei der Entwicklung auf das Energiemanagement im Fahrzeug. Dabei soll die Energieeffizienz gesteigert und der Kraftstoffverbrauch um bis zu 30 % reduziert werden. Hierfür werden in den nächsten Jahren bis zu 100 Millionen Euro aufgewendet, wobei im Gegenzug die Industrie verpflichtet wird in diesem Forschungsbereich weitere 500 Millionen Euro zu investieren. Der Aufbau intelligenter Stromversorgungs- und Netzinfrastrukturen, auch *Smart Grid* genannt, spielen dabei eine wichtige Rolle. *IKT-Unternehmen* werden im Rahmen des Forschungsprogramms *E-Energy* (IKT-basiertes Energiesystem der Zukunft) mit 60 Millionen Euro gefördert, wobei auch hier die Industrie zusätzlich 80 Millionen Euro beisteuert. Diesem Projekt wird besonders viel Aufmerksamkeit geschenkt, da hiermit die Potenziale der Elektromobilität durch *V2G* ausgeschöpft und der Ausbau von erneuerbaren Energien forciert werden kann. Dabei wird das Ziel von 30 % EE-Anteil an der Stromproduktion bis 2020 angestrebt.

Die Förderung der Rahmenbedingungen zur Elektromobilität konzentriert sich auf die Kraftstoffstrategie der Bundesregierung. Dabei werden allgemein die Kraftstoffentwicklung und alternative Antriebe gefördert. Hierbei wird geprüft, welche Entwicklungen besonders tragfähig sind und besonders unterstützt werden sollen, als Teil der *Nationalen Nachhaltigkeitsstrategie der Bundesregierung*. Gefördert wird bspw., im Rahmen des nationalen Innovationsprogramms, die Wasserstoff- und Brennstoffzellentechnologie. Hier soll die Wettbewerbsfähigkeit Deutschlands bei Zukunftstechnologien gestärkt und langfristig gesichert werden. Die Mittel fließen hier überwiegend aus dem *Konjunkturpaket II* der Bundesregierung. Weiter konzentrieren sich die Rahmenbedingungen auf die Förderung von Innovations- und Beschäftigungsimpulse im Bereich der Energiespeicher. Dabei sollen nicht nur Großunternehmen, sondern auch kleine und mittelständische Unternehmen (KMU) und Start-Up-Unternehmen gefördert werden. Die Förderung soll sich dabei auf die Unternehmensgründung und anschließende Projektförderung konzentrieren. Hierzu wird Unterstützung durch den eingerichteten *High-Tech-Gründerfonds* angeboten. Die Förderung der Rahmenbedingungen schließt des Weiteren städteplanerische Aktivitäten durch die *Förderinitiative Energieeffiziente Stadt* oder dem *Wettbewerb Energieeffiziente Stadt* mit ein. Als Schwachpunkt konnte der Nachholbedarf bei der Nachwuchsförderung identifiziert werden. Bisher wurde dieser über die Innovationsallianz LIB 2015, speziell im Bereich Energiespeicher, gefördert.

Die Marktvorbereitung der Elektromobilität ist bisher nur in Einzelinitiativen aufgegriffen worden. In auf vier Jahre angelegten Feldversuchen sollen praktische Fragen hinsichtlich Nutzung und Zwischenspeicherung von Strom aus EE unter Alltagsbedingungen geklärt werden. Dabei erfolgt eine ökologische Begleitforschung der Flottenversuche, als Teil des *Schwerpunktes Elektrofahrzeuge und Plug-In-Hybride im Kontext erneuerbarer Energien*. Es sollen speziell Erkenntnisse über den Energieverbrauch, die tatsächlichen Emissionen, die Energiebereitstellung und die Fahrzeugherstellung, wie auch Entsorgung gewonnen werden. Das Projekt wird von mehreren Instituten wissenschaftlich begleitet und im Rahmen der Klimaschutzinitiative mit 15 Millionen Euro gefördert.[211]

7.2.3 Roadmap Leitmarkt Elektromobilität der Bundesregierung

Die gesamte Förderung hin zum Leitmarkt Elektromobilität im Jahr 2020, wurde durch die Bundesregierung zeitlich in drei Phasen geplant. Alle Förderungen und Projekte in diesem Rahmen sind dabei zeitlich definiert und unterstützen die Entwicklung der Elektromobilität durchgängig bis hin zur Markteinführung, sowie der Erreichung der Ziele. In der Tabelle 8–2 im Anhang ist die „Roadmap" der Bundesregierung dargestellt. Diese gibt nicht nur Aufschluss über die zeitli-

211 Vgl. Bundesregierung (2009b), S. 19 ff.

che Planung der einzelnen Förderschwerpunkte, sondern eignet sich als Orientierung wenn es um die Frage geht, wie der Wandel zugunsten der Elektromobilität in Zukunft erfolgen wird.

7.3 Möglichkeiten der Umsetzung in die Praxis

Auf der Insel Rügen wurde vor 17 Jahren ein Feldversuch mit Elektroautos durchgeführt. Damals schlossen sich BMW, Mercedes-Benz, Neoplan, VW und Opel zusammen um den Elektrobetrieb ihrer Fahrzeuge zu testen. Die Bewohner der Ostseeinsel konnten kostenlos die Fahrzeuge nutzen, mussten jedoch an einem intensiven Meßprogramm teilnehmen.[212] Der Versuch dauerte von 1992 bis 1995 und es wurden 1,3 Millionen Testkilometer absolviert. Nach dem Ende des Feldversuchs sind die Pläne in den Schubladen der Automobilhersteller verschwunden, bis heute. Das zentrale Problem war hier nicht die Reichweite, sondern die Ökobilanz der Elektromobile. Es wurden zwar lokal keine Emissionen ausgestoßen, jedoch verschlechterte der damalige Strommix in Deutschland die Bilanz der Fahrzeuge, da der Strom überwiegend von Kohlekraftwerken zur Verfügung gestellt wurde. Das Interesse der Kunden an Elektrofahrzeugen war noch nicht groß genug und die Technik insgesamt nicht ausgereift. Zu seiner Zeit waren größere und sportlichere Fahrzeuge gefragt, Elektrofahrzeuge erfüllten seinerzeit nicht die Ansprüche der Kunden. Positive Ergebnisse konnten, abgesehen von den schlechten CO_2-Emissionen und technischen Schwierigkeiten, bei den lokalen Auswirkungen erzielt werden. NOx-Emissionen und der Ausstoß von Benzol wurden vermieden, womit lokal keine Emissionen entstanden.[213]

Heute steht das Elektrofahrzeug wieder im Fokus des allgemeinen Interesses. Ein BEV stünde zum sofortigen Einsatz zur Verfügung, wobei besonders kleine Fahrzeuge in Frage kommen. Viele der damaligen Probleme wurden inzwischen gelöst und die Ansprüche der Kunden haben sich gewandelt. Gravierende Sicherheitsmängel der aktuell eingesetzten Li-Akkus konnten nicht nur gelöst, sondern der Preis auf die Hälfte reduziert werden.[214] Das Start-Up Unternehmen DBM-Energy in Berlin macht dies mit der neuartigen *Lithium-Metall-Polymer Batterie* möglich, die zudem über eine höhere Energiedichte und bis zu 5000 Ladezyklen verfügt. Der Preis des „Kolibri“ genannten Akkumulators beträgt

212 Vgl. Dürschner, Christian (1996), S. 17 f.
213 Vgl. Pander, Jürgen (2008)
214 Vgl. Woldt, Martin (2009), S. C4

bei 15,5 kW 11.520 Euro und ist für den Einsatz in Gabelstaplern angedacht, jedoch auch in einem BEV anwendbar.[215]

Die Umweltverträglichkeit von Fahrzeugen spielt eine immer wichtige Rolle, wofür die meisten Kunden bereit wären mehr zu zahlen (Vgl. Kapitel 6.2.2). Der Strom kann heute vollständig aus EE für den Einsatz in einem BEV zur Verfügung gestellt werden (Vgl. Kapitel 6.1.3). Somit können nicht nur lokal Emissionen und Lärm vermieden werden, sondern die gesamte Ökobilanz des Fahrzeugs wird durch die Vermeidung des CO_2-Ausstoßes insgesamt verbessert. Der Einsatz eines BEV im Stadtverkehr ist besonders geeignet, da hier die lokalen Emissionen im Vordergrund stehen. Des Weiteren ist die geringe Reichweite am Beispiel des Fiat „Micro-Vett 500 E" aus dem RWE Paket, von 140 km im Stadtverkehr ausreichend.[216] Das Fahrzeug müsste zudem nur alle 3 Tage betankt werden, wenn man für die durchschnittliche Fahrt mit einem PKW pro Tag von 40 km zugrunde legt.[217] Entscheidend ist beim Einsatz, dass nur Öko-Strom aus EE zum Einsatz kommt und Kunden entsprechend an die Bedingung gebunden werden. CO_2-Emissionen können mit einem BEV nur dann gesenkt werden, wenn dafür ausschließlich Strom aus EE bereit gestellt wird. Die Umweltverträglichkeit ist dabei ein fundamentaler Vorteil gegenüber einem herkömmlichen Fahrzeug. So können Elektromobile nur so umweltfreundlich sein, wie der Strom der sie antreibt.[218]

Die Infrastruktur zur Betankung der Fahrzeuge ist ein wichtiges Kriterium bei dem Einsatz eines BEV und der Steigerung der Akzeptanz bei den Verbrauchern. Aktuell werden Säulen nach Bedarf und an „Hot Spots" aufgestellt. Der Kunde kann so viele Säulen bestellen, wie er benötigt. Es kann bspw. eine Ladesäule oder Ladebox vor dem Haus und eine weitere auf dem Parkplatz des Arbeitgebers errichtet werden. Im RWE Packet wird diese Option angeboten, wobei der Preis für eine Ladesäule bei etwa 2.500 € liegt.[219] Die Errichtung von Ladesäulen an sogenannten „Hot Spots" konzentriert sich auf Parkhäuser, Stadtzentren, zentral gelegene Parkflächen und -plätze. In Berlin sollen noch im Jahr 2010 von RWE bis zu 500 Ladesäulen aufgestellt werden.[220] Weitere kommen im Rahmen des Feldversuchs von Vattenfall und des „Mini-E" von BMW hinzu. Ziel des Projektes ist, neben dem emissionsfreien Autofahren, den Ausbau der Infrastruktur voranzutreiben.[221] In Berlin werden die Ladesäulen von Vattenfall

215 Vgl. DBM-Energy (2009)
216 Vgl. Im Anhang: RWE Broschüre: RWE-Mobility Packet
217 Vgl. Gerlach, Dieter (2008), S. 7
218 Vgl. Klauke, Dominik (2009b), S. 101
219 Vgl. Im Anhang: RWE Broschüre: RWE-Mobility Packet
220 Vgl. Pflegerl, Markus (2009)
221 Vgl. Vattenfall Europe (2009a)

im inneren S-Bahn Ring aufgestellt. Die „Hot Spots“ werden nach den Kriterien Verweildauer (Einkaufszentren oder Freizeiteinrichtungen), Attraktivität der Standorte (Attraktives Ziel für möglichst viele Nutzer) und regionale Abdeckung von Vattenfall aufgestellt (Innerer S-Bahn Ring / Umweltzone Berlin). An den öffentlichen Ladesäulen kostet der Strom tagsüber 23,00 Cent/kWh und nachts 17,00 Cent/kWh. Dabei stellt Vattenfall aus Windenergie gewonnen Autostrom zur Verfügung. Jeder Nutzer einer Ladesäule erhält eine ID-Karte, mit der er sich vor jedem Ladevorgang identifizieren muss. Anschließend kann der Strom für die Betankung bezogen werden. Am Ende einer Abrechnungsperiode erhält der Kunde eine entsprechende Rechnung, wobei die Nutzung der öffentlichen Ladesäulen kostenlos ist.[222] Die Errichtung der Infrastruktur konzentriert sich aktuell ausschließlich auf Metropolen. Es ist somit festzustellen, dass sich die Infrastruktur für rein elektrisches Fahren aus „Zellen“ herausbilden und ausbreiten wird. Dabei stehen besonders Großstädte/Ballungsräume im Fokus der Energieversorger, die sich um die Bereitstellung der Infrastruktur kümmern. Einen wichtigen Faktor beim weiteren Ausbau der EE und dem Lastenmanagement stellt der *V2G-Ansatz* dar, der mit den eingesetzten Fahrzeugen aktuell nicht unterstützt wird. Ein konkreter Termin oder Pläne für eine Einrichtung von *Smart-Grids* und *Vehicle-to-Grids*, konnte nicht genannt werden.[223] Es ist davon auszugehen, dass in den nächsten vier bis sechs Jahren die Technologie einsatzfähig zur Verfügung steht.[224] Die Forschung auf diesem Gebiet wird intensiv von der Wirtschaft und dem Staat vorangetrieben.[225]

Trotz positiver Entwicklungen bei der Kostenreduzierung für ein BEV, sind diese noch zu hoch. Für den „Otto Normalverbraucher“ kommt ein Kauf momentan nicht in Frage. Am Beispiel des „Smart Electric Drive“ (Smart ed) von Daimler soll das Fahrzeug ab 2012 in Großserie produziert werden, wobei 1.000 Fahrzeuge bereits hergestellt wurden.[226] Das Fahrzeug wird dann ca. 23.000 € kosten; im Vergleich kostet der „normale Smart“ 9.990 €.[227] Selbst wenn man die günstigere Generation von Li-Akkus einsetzten würde, wäre der Preis immer noch signifikant höher. Alternativ bietet Daimler das Leasing ihres „Smart ed“ an, wofür monatlich eine Leasingrate von 700 € fällig wird. Die Leasingrate übertrifft den üblichen Preis für das Leasing eines „Smart“ um das Mehrfache.[228] RWE bietet seinen Kunden ebenfalls in Nord-Rhein-Westfalen

222 Vgl. Vattenfall Europe (2009b)
223 Schriftliche Auskunft (2009)
224 Vgl. Anhang Roadmap Leitmarkt Elektromobilität der Bundesregierung
225 Vgl. Zemke, Christa (2009)
226 Vgl. o. V. (2009g), C3
227 Vgl. Branke, Dirk (2009)
228 Vgl. Daimler (2009b)

das Leasing des Gesamtpacket an. Hierbei beträgt die Leasingrate bis zum 30.Juni 2011 als Angebot 755,46 € und ab dem 01.Juli 2011 sind es 1.175,63 €.[229] Auch BMW schließt sich dem Geschäftsmodell an. In den USA ist der „Mini-E“ auf Leasing-Basis für eine monatliche Rate von 850 Dollar zu haben.[230] Es zeichnet sich ab, dass das Geschäftsmodell des Leasings vorerst interessant sein wird, solange der Preis für ein BEV nicht günstiger und die Lebensdauer eines Akkumulators unter 10 Jahre bleibt. Dadurch lassen sich die sehr hohen Kosten etwas abmildern und das Fahrzeug für eine begrenzte Zeit mit der Option zum Kauf „mieten“. Das ist hinsichtlich der Lebensdauer eines Akkumulators von ca. 4 – 6 Jahren ein wichtiger Faktor. So hat der Kunde immer ein Recht auf ein funktionstüchtiges Fahrzeug, Service und Betreuung. Besonders wenn es um die Akzeptanz von Elektrofahrzeugen geht, ist das sicher eine gute Lösung. Weitere Möglichkeiten, wie das Batterie-Leasing, werden bisher nicht angeboten und sind zum klassischen Leasing des gesamten Fahrzeugs eine gute Alternative. Hier könnte das Fahrzeug günstig gekauft und über eine reduzierte Leasingrate die Batterie gemietet werden. Das würde in die Gesamtkostenstruktur ein besseres Gleichgewicht bringen, wobei die Batterie, wie von Better Place angeboten, bei 80 % Kapazität günstig gekauft werden kann. Das elektromobile Zeitalter wird nicht nur neue Fahrzeug- und Antriebskonzepte bringen, sondern neue Mobilitäts- und Vertriebskonzepte. Zukünftig wird wie bei einem Handy der Hersteller und Netzbetreiber, hier das Auto und der Energieversorger kombiniert. Sicher werden neue Begriffe wie „Autostrom“ oder „Autostrom-Flatrate“ die Angebotslandschaft in Zukunft prägen, wobei „Autostrom“ ein Eco-Label für „grünen“ Strom für Elektrofahrzeuge werden könnte. Ein weiteres zukunftsweisendes Geschäftsmodell stellt aktuell das von Better Place dar. Hier zahlt der Kunde per gefahrenen Kilometer. Im Kilometerpreis sind der Strom und die Kosten für die Batterie enthalten. Durch das Geschäftsmodell von Better Place geraten besonders alternative Antriebskonzepte, die auf Gas Basis funktionieren, unter Druck. In Europa kostet der gefahrene Kilometer mit Gas ca. 10 Cent/km, in Amerika 6 bis 8 Cent/km. Nach Angaben von Better Place soll der Kilometer ca. 5 Cent kosten. Des Weiteren kann der Kunde einen Jahresvertrag schließen, bei dem Gesamtkilometer pro Jahr, Strom, Fahrzeug und Batterie für einen monatlich festgelegten Preis gekauft werden. Somit würde ein Kunde bei ca. 11.200 Kilometer pro Jahr einen monatlichen Preis von ca. 381 € zah-

229 Vgl. Im Anhang: RWE Broschüre: RWE-Mobility Packet
230 Vgl. Grünweg, Tom (2008)

len.[231] Die Betankung der Fahrzeuge erfolgt bei dem Geschäftsmodell über die Batteriewechselstationen. Für das Projekt Better Place sind die Herausforderungen gewaltig, denn es müssten politische Entscheidungsträger für ein derartiges Infrastrukturprojekt begeistert werden. Zudem müssten Fahrzeughersteller und Zulieferer ein gewisses Maß an Standardisierung einhalten. Der Nutzer selber muss von einem anderen „emotionalen" Verhältnis zu seinem Fahrzeug überzeugt werden, da der Kauf und Besitz eines Autos eine andere Bindung der Autonutzung, als eine Bindung an einen bestimmten „Automobilprovider" darstellt.[232]

Wie durch RWE in einer Anfrage bestätigt wurde, existiert eine große Nachfrage nach Elektrofahrzeugen, wobei die Anfragenden überwiegend Unternehmen darstellen.[233] Bis Elektrofahrzeuge aus der Nische heraus sich im Massenmarkt etablieren werden noch einige Jahre vergehen. Emissionen können jedoch bereits heute reduziert werden. Besonders Unternehmen haben aktuell als primäre Zielgruppe die Möglichkeit, ihre CO_2-Bilanz zu verbessern. Mit dem eigens für Fahrzeuge entwickeltem „Eco Test" Label des Allgemeinen Deutschen Automobilclubs (ADAC), werden die CO_2-Emissionen und Schadstoffemissionen, wie Kohlenmonoxid, Kohlenwasserstoff, Stickoxide und Partikel bewertet. Darüber hinaus prüft der Club, die Effizienz der Klimaanlagen und geht der Frage nach, wie das Fahrzeug außerhalb der gesetzlich vorgeschriebenen Fahrzyklen bezüglich der Sauberkeit abschneidet.[234] Bei der Bewertung werden maximal fünf Sterne vergeben. Fünf Sterne wurden bisher nur 3 Mal vergeben, davon erhielten aktuell zwei Hybridfahrzeuge das Siegel. RWE möchte über diesen Weg für seinen gesamten Fuhrpark 4–5 Sterne erreichen und auf BEV umstellen.[235] Dabei hat sich das Unternehmen das Ziel gesetzt, die CO_2-Emissionen ihrer Fahrzeugflotte bis 2012 um 20 Prozent zu reduzieren.[236] Diese Möglichkeit der Einführung von BEV nutzen neue Automobilhersteller, die ausschließlich BEV produzieren. Das Unternehmen *German E Cars* aus Grebenstein bspw. stellt ausschließlich BEV mit dem Namen „Benni" her. Die Zielgruppe ist klar definiert und die Fahrzeuge werden vorwiegend Großabnehmern angeboten, wie z.B. Energieversorgungsunternehmen, Flughäfen, Carsharing Unternehmen,

231 Vgl. Feldman, Stacy (2008); Meilen wurden umgerechnet in Kilometer (1 Meile = 1,609344 Km), Dollar Beträge wurden umgerechnet in Euro (1 Dollar = 0,69 Euro: Kurs am 25.12.2009), Angaben in Euro Cent

232 Vgl. Beckmann, Jörg (2009), S. 5

233 Vgl. Schriftliche Auskunft (2009)

234 Vgl. RWE (2009a), S. 34 f.

235 Vgl. ADAC (2009)

236 Vgl. RWE (2009a), S. 35

Stadtverwaltungen, Kurierdienste und viele weitere Branchen.[237] Neben German E Cars gibt es neue Automobilhersteller auf dem Markt, deren Namen in Zukunft eine immer wichtigere Rolle spielen werden. Hierzu gehört *TH!NK* aus Norwegen, *Tesla* aus Kalifornien und das Unternehmen *Build Your Dreams* (BYD) aus China. Tesla produziert bereits seinen „Tesla-Roadster", TH!NK hat in Norwegen mit der Produktion begonnen, wie auch BYD in China. Man kann feststellen, dass alle namhaften Automobilhersteller mit steckdosenfähigen Elektromobilen bis 2012 auf den Markt gehen werden (Vgl. Forcast der Automobilhersteller Tabelle 8–3 im Anhang).[238] Abgesehen der aktuellen Entwicklung bestehen die Herausforderungen durch Elektromobilität weiterhin (Vgl. Kapitel 6.1). Das Elektromobil ist aufgrund des hohen Preises und der für Verbraucher zu geringen Reichweite noch nicht massenmarkttauglich, punkten kann das Elektrofahrzeug bereits bei der lokalen Emissionsfreiheit und der Klimaverträglichkeit aufgrund des Reduktionspotenzials von CO_2. Bereits heute müssen die Verbraucher für den erfolgreichen Absatz in den nächsten Jahren aufgeklärt werden. Dabei sind zentrale Fragen wie Reichweite, Preis, Vor- und Nachteile transparent zu kommunizieren. Eine Gemeinschaftsstudie von TÜV-Süd und dem Unternehmen Technomar hat ergeben, dass das *Interesse* an einem E-Fahrzeug mit dem *Kenntnisstand* korreliert. Bisher ist der Wissenstand noch sehr lückenhaft. So wissen 7 % überhaupt nichts über Elektromobilität, 37 % der Befragten verfügen über einen geringen Wissenstand und 42 % über einen mittleren. Dem steht ein hohes Interesse an Elektromobilen von 13 % gegenüber, wobei der Rest ein mittleres bis geringes Interesse aufweist.[239]

Bei der Umsetzung von BEV in die Praxis kann Folgendes als Fazit festgehalten werden:

- BEV können bereits heute zum Einsatz kommen und dabei in Deutschland ausreichend mit Strom aus erneuerbaren Energien versorgt werden. Unabhängig vom verwendeten Strom kann immer lokal emissionsfrei gefahren werden. Wobei Autostrom immer aus EE bereitgestellt werden sollte.
- Technische Probleme in der Vergangenheit konnten beseitigt werden. So erfüllen Akkumulatoren die wichtigsten Anforderungen wie Sicherheit, Energiedichte und Ladezyklen (bezogen auf den Stadtverkehr).

237 Vgl. German E Cars (2009)
238 Vgl. Electric Auto Association (2009)
239 Vgl. Varesi, Andreas (2009); Studien Design: In 2009 wurden insgesamt 5336 Personenbefragt. Davon 769 Personen Online und 4567 Personen bei den TüV-Prüfstellen vor Ort. Insgesamt wurden 68 Fragen zum Thema Elektro- und Hybridfahrzeug gestellt. Des Weiteren wurden Experteninterviews in verschiedenen relevanten Branchen durchgeführt.

- Die Infrastruktur zur Betankung von BEV entwickelt sich aus „Zellen", vorwiegend in Metropolen/Ballungsräumen, wobei Energieversorger den weiteren Ausbau vorantreiben und durch neue Vertriebskonzepte forcieren.
- Zukünftig spielen Energieversorger und Automobilprovider als neue Akteure auf dem Markt für Mobilität eine wichtige Rolle. Neue Geschäftsmodelle und Vertriebskonzepte unterstützen hierbei die Umsetzung von Elektromobilität.
- Es zeichnet sich ab, dass das Geschäftsmodell des Leasings, Better Place und Kauf von Komplettpaketen bei Energieversorgern den klassischen Fahrzeugkauf langfristig ablösen werden.
- BEV sind heute noch zu teuer und daher nicht massenmarkttauglich. Der Absatz der ersten Fahrzeuge erfolgt an Unternehmen, einzelne Personen (LOHAS)[240], öffentliche und staatliche Einrichtungen. Es ist bereits eine große Nachfrage von Unternehmen vorhanden, die dadurch ihre CO_2-Bilanz, ihr Image und ihre Öko-Bilanz verbessern wollen und können.
- Es werden bereits BEV von Automobilherstellern angeboten. Bis 2012 werden alle namhaften Hersteller BEV oder PHEV anbieten.
- Verbraucher müssen bereits heute verstärkt aufgeklärt werden. Die Ansprüche an die Reichweite sind höher als notwendig. Das Interesse für ein BEV korreliert mit dem Wissen um ein BEV. Um in den nächsten Jahren den Absatz und die Akzeptanz zu steigern, wie auch die Markteinführung zu sichern müssen daher Wissenslücken geschlossen werden.

BEV eignen sich aktuell nur für den Stadtverkehr, hier kommen überwiegend kleine Fahrzeuge zum Einsatz. Fahrzeuge, die größer und schwerer sind, benötigen einen größeren Akkumulator und verbrauchen mehr Energie. Ein größerer Akkumulator geht mit höheren Kosten und einem noch höheren Preis einher. Des Weiteren sind BEV aufgrund ihrer Reichweite für Überlandverkehr und lange Distanzen nicht geeignet. Außerhalb einer „Zelle" fehlt die Infrastruktur für die Betankung eines BEV. Für mittlere und größere Fahrzeuge eignen sich daher die Fahrzeugkonzepte Micro- bis Voll-Hybride. Auf langen Distanzen können daher Hybridfahrzeuge am sinnvollsten eingesetzt werden. Durch den effizienteren Treibstoffeinsatz kann dieser nicht nur bis zu 30 % (Vgl. Kapitel 4.2) reduziert, sondern der CO_2-Ausstoß verringert werden.[241] Ein Plug-in Hybrid bietet zusätzlich den Vorteil, dass dieser im Stadtverkehr ausschließlich als Elektrofahrzeug und der Verbrennungsmotor als *Range Extender* auf langen

240 Vgl. Glossar; „LOHAS" steht für Lifestyle of Health and Sustainability
241 Vgl. Oliver Wyman Unternehmensberatung (2009), S. 3

Strecken eingesetzt werden kann.[242] Des Weiteren kann bei konventionell angetriebenen Fahrzeugen durch *Downsizing* weiter Kraftstoff eingespart und die Leistung erhöht werden. Die Kombination aus *Downsizing* und *Hybridisierung* wurde bspw. von VW mit dem „UP Lite" Mild-Hybrid erfolgreich demonstriert. Das Fahrzeug hat die Größe eines VW Polo und verbraucht 2,44 Liter Diesel je 100 km.[243] Es ist jedoch davon auszugehen, dass hier bereits das *Downsizing* des Verbrennungsmotors ausgereizt wurde. Im Wesentlichen tragen die Hybridtechnologie sowie gewichtsreduzierenden Maßnahmen zur Verringerung des Kraftstoffverbrauch bei. Mit einem geringen technischen Aufwand ist der Einsatz von Micro-Hybrid Fahrzeugen möglich. VW bietet in seiner „Blue Motion" Palette Micro-Hybrid Fahrzeuge für alle Modelle an. Für einen Golf TDI mit 5-Gang Getriebe beträgt der Mehraufwand gerade mal 425 € mit dem Effekt, dass 0,7 Liter Diesel auf 100 km eingespart und 18 g CO_2/km weniger ausgestoßen werden.[244] Der bekannteste Vollhybrid ist der Toyota „Prius". Hier zeigt sich das enorme Einsparpotenzial der Technologie bei 3,9 Liter Verbrauch auf 100 km und einem CO_2-Ausstoß von 89 g CO_2/km. Der „Prius" wird von Toyota für 25.450 € angeboten und entspricht als 5-Türer einem mittleren bis großen Fahrzeug.

Hybridfahrzeuge vereinen die positiven Eigenschaften des Verbrennungsmotors (hohe Energiedichte Treibstoff) mit denen des Elektromotors (hoher Wirkungsgrad). Mit steigender Elektrifizierung wird die Unabhängigkeit vom Verbrennungsmotor angestrebt. Somit stellen Hybridfahrzeuge einen Übergang vom konventionellen zum rein elektrischen Fahren dar. Solange die Batterien teuer sind und die Entfernung von BEV unter 400 km liegen, stellen Hybridfahrzeuge die beste Alternative außerhalb des Stadtverkehrs dar. Die Mehrkosten für Vollhybridfahrzeuge müssen jedoch noch weiter reduziert werden, wobei diese immer noch günstiger sind als ein BEV.[245] „Klimapolitisch zählen Hybridfahrzeuge aber zu den ineffizientesten Wegen, um CO_2-Emissionen zu reduzieren: Die CO_2-Vermeidungskosten liegen laut McKinsey bei mehr als 3.000 €/Tonne CO_2, somit also um ein Vielfaches über den aktuellen Zertifikatspreisen im EU-Emissionshandel."[246]

Mit dem Einsatz von Hybridfahrzeugen können Automobilhersteller heute schon die Chance nutzen umweltverträgliche und ressourcenschonende Fahrzeuge anzubieten. Dabei können die von der EU vorgeschriebenen CO_2-Grenzwerte

242 Vgl. Cardaun, Uwe (2009), S. 60
243 Vgl. Eschment, Wolfgang (o. J.)
244 Vgl. Volkswagen AG (2010)
245 Vgl. Wallentowitz, Henning et. al. (2010), S. 169
246 Vgl. Heymann, Eric (2009), S. 11

für Neuwagen eingehalten und Strafzahlungen vermieden werden. Im Übergang zum rein elektrischen Fahren kann sich die FuE weiterhin auf BEV konzentrieren. Durch Hybridfahrzeuge wird Kunden ein differenzierteres Angebot zur Verfügung gestellt, die verschieden hohe Mehrausgaben für umweltfreundliche Fahrzeuge und Fahrverhalten berücksichtigen. Das differenzierte Angebot ergibt sich dabei aus dem Hybridisierungsgrad der Fahrzeuge und den damit einhergehenden Preisaufschlägen.

Bei der Umsetzung von Elektromobilität in die Praxis kann folgendes als Fazit festgehalten werden:

- BEV eignen sich aufgrund der geringen Reichweite und Emissionsfreiheit besonders im Stadtverkehr. Der Einsatz eines BEV ist als Kleinwagen am effizientesten. Wegen der hohen Kosten sind sie noch nicht massenmarkttauglich. Unternehmen, staatliche Institutionen und öffentliche Einrichtungen kommen als primäre Zielgruppe infrage. Diese können ihre Umweltbilanz mit dem Einsatz von BEV verbessern und ein Zeichen setzen.
- Hybridfahrzeuge können auf längeren Distanzen eingesetzt werden, wobei Kraftstoff eingespart und Ressourcen geschont werden.
- Die Optimierung des Verbrennungsmotors zu weniger Verbrauch und höherer Leistung kann zusätzlich zur Hybridisierung genutzt werden.
- Je nach Hybridisierungsgrad ist mit höheren Preisaufschlägen zu rechnen, wobei Micro- und Mild-Hybride bereits bei einem geringen Preisaufschlag enorme Effekte erzielen und Vollhybride bei höheren Preisaufschlägen die höchsten Einsparpotenziale bieten.[247]
- Hybridfahrzeuge sind massenmarkttauglich und sofort umsetzbar. Die Zulieferer bieten bereits konkrete Lösungen an.[248] Die asiatischen Hersteller führen auf dem Gebiet der Hybridtechnologie, bspw. mit dem „Prius“ als Vollhybrid oder dem Honda „Insight“ als Mild-Hybrid.[249]
- Chancen können von Automobilherstellern durch Hybridfahrzeuge im Übergang zu reinen elektrischen Fahrzeugen bereits ausgeschöpft werden, besonders hinsichtlich der Vermeidung von Strafzahlungen bei Überschreitung der CO_2-Grenzwerte für Neuwagen, wie auch im Angebot und Herstellung von umweltfreundlicheren Fahrzeugen.
- Kunden können ein differenziertes, ihren Ansprüchen, Fahrverhalten und Mehrausgaben entsprechendes Angebot wahrnehmen.
- Umwelt und Ressourcen können bereits effizient geschont werden.

247 Vgl. Gottwald, Andreas (2009), S. 20
248 Vgl. Cardaun, Uwe (2009), S. 61
249 Vgl. Gottwald, Andreas (2009), S. 16 ff.

Prognosen für die zukünftige Entwicklung abzugeben oder über die zukünftigen Fahrzeugbestände, Marktanteile zu spekulieren ist nahezu unmöglich. Es wird mit einer hohen Dynamik innoviert, besonders im Bereich der technologischen Entwicklung werden aktuell signifikante Fortschritte erzielt. Seit Anfang des Jahres 2009 bis heute (Ende 2009), wurde z.B. der Preis der Li-Akkus auf die Hälfte reduziert, Sicherheitsmängel gelöst und die Energiedichte erhöht. Zulieferer haben sich auf die Elektrifizierung eingestellt und bieten konkrete Lösungen und Bauteile an. Die staatlichen Förderungen greifen bereits, besonders hinsichtlich der Förderschwerpunkte Elektromobiltechnologie.

Eines steht fest, Elektromobilität ist nicht nur ein Zukunftsthema, sondern wird bereits in den nächsten ein bis zwei Jahren in unseren Alltag treten. Das Ziel von einer Millionen BEV bis 2020 im NEEdB sollte mindestens erreicht werden. Schätzungen in Studien und von Unternehmensberatungen liegen wesentlich höher. Die staatliche Förderung ist unverzichtbar, damit Deutschland nicht den Anschluss in der Entwicklung verliert. Bisher konzentriert sich diese auf die technische Entwicklung mit konkreten Plänen und Förderprogrammen. Die Förderung muss jedoch zusätzliche um das Marketing und Anreizsysteme beim Kauf erweitert werden. Besonders Zuschüsse beim Fahrzeugkauf könnten die hohen Kosten für ein BEV und Werteverlust kompensieren.

8 Fazit

In der Vergangenheit traten Elektromobile immer wieder in den Fokus der Medien als alternative Antriebsmöglichkeit. Dem folgten Testflotten, staatliche Förderungen und Ziele. Doch die Pläne verschwanden stets in den Schubladen der Automobilhersteller aufgrund unausgereifter Technik und schlechter CO_2-Bilanz. Stattdessen wurde der konventionelle Antrieb verbessert, Schadstoffe durch *End-of-Pip-Technologien* reduziert. Nach über 100 Jahren Einsatz des Verbrennungsmotors ist dieser nun technisch ausgereift. Die Umweltprobleme lassen sich nicht mehr mit der weiteren Optimierung des konventionellen Antriebs lösen. Besonders globale Auswirkungen der Automobile und die starke Abhängigkeit von begrenzten Ressourcen stellen ein unlösbares Problem auf Basis der konventionellen Antriebe dar. Verbraucher sind heute stärker für Umweltthemen sensibilisiert, die Diskussion um Probleme und Auswirkungen sind in der breiten Öffentlichkeit angekommen. Neben den Verbrauchern übt der Staat zusätzlichen Druck auf die Automobilbranche aus. Diese erwartet in Zukunft empfindliche Strafzahlungen in Milliardenhöhe, sobald Neuwagen die von der EU vorgeschriebenen CO_2-Grenzwerte überschreiten.

Dank mobiler Endgeräte und Informationstechnologie erfolgen heute technische Weiterentwicklung und Innovationen in wesentlich kürzeren Intervallen. Damit stellen Elektromobile nicht mehr nur eine Vision oder ein Zukunftsthema dar, sondern können sofort implementiert werden. Die Grundlage schafft ein schneller Ausbau der Infrastruktur für rein elektrisch betriebene Fahrzeuge, der insbesondere in Großstädten vorangetrieben werden muss. Hier kann das Fahrzeug am sinnvollsten und effizientesten eingesetzt werden. Denn neben den geringen Mobilitätskosten, bietet ein Elektrofahrzeug den Vorteil des emissions- und lärmfreien Fahrens. Infrastrukturprovider wie Better Place können mit Investitionen den Aufbau der notwendigen Struktur unterstützen. Damit das rein elektrisch betriebene Fahrzeug einer breiten Masse zugänglich gemacht wird, müssen die Kosten reduziert werden, besonders die der sehr teuren Batterien. Es ist davon auszugehen, dass in einigen Jahren aufgrund von Skalen- und Lerneffekten die Preise sinken, Reichweitenprobleme gelöst und die Lebensdauer der Batterie verlängert werden. Bis dahin fungieren Hybridfahrzeuge als Brückentechnologie. Besonders außerhalb von Ballungsräumen ist ihre Nutzung sinnvoll, da Kraftstoffeinsparungen von bis zu 30 % erreicht werden können. Wie rein elektrisch betriebene Fahrzeuge können auch Hybridfahrzeuge bereits heute eingesetzt werden. Bisher dominieren asiatische Hersteller den Markt für Hybridfahrzeuge, Deutschland hat auf dem Gebiet enormen Aufholbedarf. Damit der Absatz und die Arbeitsplätze in Zukunft gesichert sind, sollte auch hier die Implementierung schnellstmöglich erfolgen. Der Wettbewerb ist bereits entfacht und alle namenhaften Automobilhersteller präsentieren konkrete Pläne für die nächsten Jahre (Vgl. Anhang Tabelle 8–3: Forecast der Automobilhersteller), wobei die deutschen Hersteller sehr zurückhaltend agieren.[250] Des Weiteren dringen vermehrt neue Player auf den Automobilmarkt, die zusätzlich für Wettbewerb und Weiterentwicklung von Elektromobilität sorgen.

Das Reduktionspotential von CO_2 hängt bei einem reinen Elektromobil sehr stark von dem Strommix im jeweiligen Land ab. In Deutschland steht ausreichend Strom aus regenerativen Energiequellen zum Einsatz zur Verfügung. Durch Elektromobile bietet sich bei steigendem Anteil von erneuerbaren Energien im Netz die Möglichkeit, überschüssigen Strom in der Batterie zu speichern und bei Bedarf wieder einzuspeisen. Der sogenannte *V2G-Ansatz* gibt dieser Entwicklung einen Schub. In 4 – 6 Jahren ist hier der Einsatz bereits möglich und nötig. So können die Chancen und Vorteile von Elektromobilen voll ausgeschöpft werden. Schwierig wird es dagegen im globalen Umfeld. In China bspw. würde die Ökobilanz des Elektrofahrzeugs leiden, da hier überwiegend Kohle als Energieträger bei der Stromerzeugung eingesetzt wird. Auch Strom aus Kernenergie, wie er überwiegend in Frankreich produziert wird, ist sehr bedenklich. Des Weiteren sind die Grenzvermeidungskosten je Tonne CO_2 um ein mehrfaches höher als die Kosten für ein Emissionszertifikat. Hier können Allianzen und Kooperationen helfen Entwicklungskosten zu reduzieren. Ein weiteres Problem stellt der Rohstoff Lithium dar. Dieser wird in Zukunft eine bedeutende Rolle spielen und birgt so ein hohes Konfliktpotenzial auf allen Ebenen, ähnlich wie heute beim Rohöl. Man benötigt nicht nur effiziente sondern auch wirtschaftliche Recyclingsysteme, die mit den Rohstoffpreisen mithalten können. Zudem muss fernab von Lithium intensiver nach alternativen Speichertechnologien geforscht werden und zwar bevor man sich in eine Abhängigkeit begeben hat. Die staatliche Förderung im Rahmen des NEEdB deckt nicht im ausreichenden Maß alle Bereiche der Wertschöpfungskette ab. Im Gegensatz zu früher stellt dieser nicht nur eine Absichtserklärung dar, sondern definiert immerhin konkrete Ziele

250 Vgl. Mündliche Auskunft (2009b); Aus Wettbewerbsgründen können keine Informationen, die über die Pressemitteilungen hinausgehen, mitgeteilt werden. Ein Einblick in das Pilotprojekt in Berlin „Smart ed“ war nicht möglich.
Eine Anfrage bzw. Antwort von BMW steht bis heute aus. Hier war die Bitte um Einblick in das Projekt „Mini-E“ in Berlin gestellt worden. Des Weiteren reagierte ebenfalls das Gemeinschaftsunternehmen von Daimler und Evonik, Litec bis heute nicht auf eine Anfrage.

und Förderschwerpunkte. Besonders die Vermarktung und Information der Verbraucher muss gefördert werden. Es dürfen keine überzogenen Erwartungen an das Elektromobil geweckt werden. So wurde in der Vergangenheit oft vermittelt, dass ein Elektromobil zu 100 % umweltfreundlich ist. Es wird mit „Zero-Emission" beworben, wobei sich das auf die lokalen Emissionen bezieht; in diesem Zusammenhang steht öfters plakativ 100 % auf dem Fahrzeug. Ein transparentes Informationsnetz kann helfen, Enttäuschungen in der Bevölkerung zu vermeiden und ihr Vertrauen für die neue Mobilität zu gewinnen. Unternehmen die Elektromobile fahren um ihr Umweltimage zu verbessern, müssen sich zertifizieren lassen. Nur wenn Strom tatsächlich aus erneuerbaren Energien genutzt wird, darf damit geworben werden. Ansonsten ist die Bezichtigung des *Greenwashings* nicht unbegründet. Abgesehen davon sollten vom Staat Anreizsysteme geschaffen werden, wie etwa Prämien beim Kauf von Elektromobilen, Zuschüsse oder steuerliche Begünstigungen. Konkrete Pläne hierzu liegen noch nicht vor.

In Zukunft spielen bei der Entwicklung vor allem Energieversorger eine wichtige Rolle, nicht nur als Anbieter von Strom, sondern auch als Anbieter von Mobilität. Allerdings müssen noch konkrete Vertriebskonzepte und Geschäftsmodelle ausgearbeitet werden, um das Elektromobil erfolgreich aus der Nische auf dem Markt zu positionieren. Das Geschäftsmodell Projekt Better Place und das Angebot von Leasingpaketen, welches aktuell von RWE angeboten wird, weisen die Richtung. Der Verbraucher wird sich zukünftig darauf einstellen müssen, sein Angebot aus Fahrzeug und Mobilitätsprovider zu kombinieren, ähnlich wie bei einem Handy. Dabei werden Begriffe wie „Autostrom" oder „Kilometer-Flatrate" die zukünftige Entwicklung von rein elektrisch betriebenen Fahrzeugen begleiten. Beim hochgelobten Projekt Better Place wäre die Frage zu klären, ob die Batteriewechselstationen den *V2G-Ansatz* unterstützen. Ansonsten ergibt sich für den Gründer von Better Place SHAI AGASSI die zusätzliche Herausforderung eine Lösung für das Problem zu finden. Der *V2G-Ansatz* ist im NEEdB ein fester Bestandteil und spielt in Zukunft beim Ausbau erneuerbarer Energien eine wichtige Rolle. Insbesondere die Energieversorger sehen neben dem zusätzlichen Absatz von Strom die Chance ihre Kraftwerke effizienter zu betreiben und sind daher bemüht den Prozess zu unterstützen.

Zusammenfassend kann man festhalten, dass Benzin- und Dieselfahrzeuge unser Straßenbild noch sehr lange prägen werden. Heute gekaufte Fahrzeuge wird es mindestens noch im Jahr 2025 geben. Erst 25 Jahre später kann man davon ausgehen, dass sie von unseren Straßen verschwunden sind. Anders als in der Vergangenheit wird sich das Elektrofahrzeug diesmal durchsetzen. Hierzu trägt nicht nur der Staat mit Schaffung notwendiger Rahmenbedingungen bei, sondern auch der wachsende Wettbewerb durch neue Player und Akteure.

Wachsende Umweltprobleme, steigende Rohölpreise und nicht zu letzt sind es die Verbraucher, die den Wandel hin zu Elektromobilität forcieren.

Quellenverzeichnis

Literatur

Battlog, Elmar (2009): Zukunft Elektroauto; Die Geschichte der Elektrofahrzeuge. Nordstedt: Books on Demand Verlag.

Billisich, F. R.; Fiala, E.; Kronberger, H. (1994): Zum 100. Geburtstag einer Vision; Abenteuer Elektroauto; Eine umstrittene Technologie im Vakuum der Verkehrspolitik. Freienbach: Eurotax, 1. Auflage.

Brake, Matthias (2009): Mobilität im regenerativen Zeitalter; Was bewegt uns nach dem Öl? Hannover: Heise Zeitschriften Verlag, 1. Auflage.

Cornel, Stan (2008): Alternative Antriebe für Automobile; Hybridsysteme, Brennstoffzellen, alternative Energieträger. Berlin und Heidelberg: Springer-Verlag, 2. erweiterte Auflage.

Dürschner, Christian (1996): Flottenversuche mit Elektro- und Hybridfahrzeugen in Europa. Erlangen: Verlag „Solare Zukunft", 1. Auflage.

Engel, Tomi (2007): Plug-in Hybrids; Studie zur Abschätzung des Potentials zur Reduktion der CO_2-Emissionen im PKW-Verkehr bei verstärkter Nutzung von elektrischen Antrieben im Zusammenhang mit Plug-in Hybrid Fahrzeugen: Deutsche Gesellschaft für Sonnenenergie e.V., DGS (Hg.). München: Verlag Dr. Hut.

Gerlach, Dieter (2008): Energieversorgung von Elektrofahrzeugen – Es kommt drauf an, woraus man's macht. In: ETG-Fachbericht 114; EMA 2008; Elektromobilausstellung. Berlin und Offenbach: VDE-Verlag, S. 7 – 13.

Klauke, Dominik (2009a): Batterie-Elektrofahrzeuge; Stand der Technik und zukünftiges Entwicklungspotenzial. Saarbrücken: VDM Verlag Dr. Müller.

Klauke, Dominik (2009b): Elektrofahrzeuge; Untersuchung des CO_2-Reduktionspotenzials im PKW-Verkehr. Saarbrücken: VDM Verlag Dr. Müller.

Kleimaier, Martin (2009): Bedarf von Speichern in neuen Versorgungskonzepten (Smart Grids). In: VDI Wissensforum (Hg.): VDI-Berichte 2058; Elektrische Energiespeicher; Schlüsseltechnologie für energieeffiziente Anwendungen. Düsseldorf: VDI Verlag, S. 173 – 182.

Kloss, Albert (1996): Elektrofahrzeuge; vom Windwagen zum Elektromobil. Berlin und Offenbach: VDE-Verlag.

Mauch, Wolfgang; Mezger, T.; Staudacher, T. (2009): Anforderungen an elektrische Energiespeicher; Stationärer und mobiler Einsatz. In: VDI Wissensforum (Hg.): VDI-Berichte 2058; Elektrische Energiespeicher; Schlüsseltechnologie für energieeffiziente Anwendungen. Düsseldorf: VDI Verlag, S. 3 – 23.

Naunin, Dietrich (2007): Elektrische Antriebssysteme. In: Bartz, Wilfried J.; Wippler, Elmar (Hg.): Hybrid-, Batterie- und Brennstoffzellen-Elektrofahrzeuge; Technik, Strukturen und Entwicklungen. Renningen: Expert Verlag, 4. Auflage, S. 20 – 32.

Neupert, Ulrik; Euting, Thomas; Kretschmer; Thomas; Notthoff, Claudia; Ruhlig, Klaus; Weimert, Birgit (2009): Energiespeicher; Technische Grundlagen und energiewirtschaftliches Potenzial. Stuttgart: Frauenhofer IRB Verlag.

Oswald, Johannes (2008): Antriebe für Nutzfahrzeuge – ein Überblick. In: ETG-Fachbericht 114; EMA 2008; Elektromobilausstellung. Berlin und Offenbach: VDE-Verlag, S. 77 – 82.

Schumann, Rolf (2009): Elektromobile Infrastruktur für den Massenmarkt; Praxiserprobtes Lösungskonzept zur Skalierung von Elektrofahrzeugen. In: VDI Wissensforum (Hg.): VDI-Berichte 2058; Elektrische Energiespeicher; Schlüsseltechnologie für energieeffiziente Anwendungen. Düsseldorf: VDI Verlag, S. 195 – 207.

Quaschning, Volker (2008): Erneuerbare Energien und Klimaschutz; Hintergründe, Techniken, Anlagenplanung, Wirtschaftlichkeit. München: Carl Hanser Verlag.

Wallentowitz, Henning; Freialdenhoven, Arndt; Olschewski, Ingo (2010): Strategien zur Elektrifizierung des Antriebsstranges; Technologien, Märkte und Implikationen. Wiesbaden: GWV Fachverlag, 1. Auflage.

Wasserrab, Theodor (1972): Natur-, Ingenieur- und Wirtschaftswissenschaften; Vorträge N 223; 203. Sitzung am 5. Januar 1972 in Düsseldorf: Rheinisch-Westfälische Akademie der Wissenschaften (Hg.): Elektrospeicherfahrzeuge. Opladen: Westdeutscher Verlag, S. 75 – 111.

Fachzeitschriften, Journals, Zeitungen

Adolf, Jörg; Huibers, Reno (2009): Auto-Mobilität im Wandel – Wie geht's weiter nach der globalen Finanz- und Wirtschaftskriese? In: et – Energiewirtschaftliche Tagesfragen, 59, Heft 8, 2009, S. 54 – 58.

Asendorpf, Dirk (2009): Die Mär vom emissionsfreien Fahren: In: Die Zeit, Nr. 39, 17. September 2009, Wissen, S. 38.

Bartels, Tim (2009): KFZ-Steuer im Konjunkturpaket II; Mix aus Hubraum und CO_2. In: Umweltbriefe, Ausgabe 02, 2009, S. 9.

Binel, Ralf (2009): Eine Millionen Elektroautos für Deutschlands Straßen. In: factorY Magazin für Nachhaltiges Wirtschaften, Ausgabe Januar, 2009, S. 9 – 10.

Cardaun, Uwe (2009): Neue Player im Elektromobil. In: Automobil-Produktion, Ausgabe Januar, 2009, S. 60 – 61.

Dötsch, Christian (2009): Speicherperspektiven für erneuerbaren Strom. In: UmweltMagazin, Ausgabe April – Mai, 2009, S. 35 – 37.

Engel, Klaus (2009): Das Auto des 21. Jahrhunderts. In: Frankfurter Allgemeine Zeitung, Nr. 254, 02. November 2009, Innovation durch Transfer, S. B5.

Frondel, Manuel; Preistrup, Matthias (2009): Das Automobil der Zukunft – ein Elektroauto? In: et – Energiewirtschaftliche Tagesfragen, 59, Heft 8, 2009, S. 64 – 67.

Gottwald, Andreas (2009): Antriebstechnik am Scheideweg. In: Automobil-Produktion, Ausgabe September, 2009, S. 16 – 20.

Hackbarth, André; Schürmann, Gregor; Madlener, Reinhard (2009): Plug-in Hybridfahrzeuge: Wirtschaftlichkeit und Marktchancen verschiedener Geschäftsmodelle. In: et- Energiewirtschaftliche Tagesfragen, 59, Heft 7, 2009, S. 60 – 63

Kiefer, Samuel (2009): Ganz ohne Kabelsalat. In: Automobil-Produktion, Ausgabe November, 2009, S. 44 – 47.

Knie, Andreas; Canzler, Weert (2009): Grüne Wege aus der Autokriese. In: forum – Nachhaltig Wirtschaften, Ausgabe April, 2009, S. 16 – 24.

Knoblach, Jochen (2009): Abgeblasen; BMW verabschiedet sich überraschend aus der Wasserstoff-Technologie. Greenpeace ist begeistert. In: Berliner Zeitung, Nr. 286, 08. Dezember 2009, Wirtschaft, S. 10.

Löser, Reinhard (2009): Elektroautos – die rollenden Stromspeicher. In: Spektrum der Wissenschaft, Ausgabe April, 2009, S. 96 – 103.

Marek, Sina (2009): Herausforderung für die Entwicklung einer nachhaltigen Mobilität nutzen. In: Ökologisches Wirtschaften, Ausgabe März, 2009, S. 21 – 22.

Netz, Hartmut (2009): Alternative nur mit Ökostrom. In: Umweltbriefe, Ausgabe 01, 2009, S. 9.

o. V. (2009): Autobranche unter Strom. In: UmweltMagazin, Ausgabe März, 2009, S. 73.

o. V. (2009e): Seltene Metalle werden seltener: In UmweltMagazin, Ausgabe April – Mai, 2009, S. 8.

o. V. (2009f): Deutsche Automobilbauer schließen Elektroauto-Bündnis. In: Berliner Zeitung, Nr. 217, 17. September 2009, Wirtschaft, S. 13.

o. V. (2009g): Elektro-Smart. In: Berliner Zeitung, Nr. 236, 10./11. Oktober, Automobil, C3.

Rumpelt, Tina (2009): The Toyota Way. In: Automobil-Produktion, Ausgabe September, 2009, S. 28 – 29.

RWE (2009a): Umweltfreundlich voRWEg fahren; Mit ADAC „EcoTest“ und bald auch mit Strom. In: forum Nachhaltig Wirtschaften, Ausgabe April, 2009, S. 34 -35.

Schlandt, Jakob (2009): „Die Ära des billigen Öls ist vorbei“; IEA-Chefökonom Fatih birol über Klimawandel, Hybrid-Autos und den Ausbau der Kernkraft. In: Berliner Zeitung, Nr. 237, 12. Oktober 2009, Wirtschaft, S. 11.

Scholz, Gerd (2009): Mit E-Autos gegen den Strom. In: Automobil-Produktion, Ausgabe April, 2009, S. 16 -19.

Vincken, Dirk (2009): Die Renaissance des Bleis. In: Automobil-Produktion, Ausgabe November, 2009, S. 48 – 49.

Woldt, Martin (2009): Im Schatten des Lithium-Ionen-Akkus. In: Berliner Zeitung, Nr. 296, 19./20. Dezember 2009, Auto Mobil, S. C4.

Internet

ADAC (2009): Hybridautos im Fünf-Sternehimmel; Das Rennen um das umweltfreundlichste Auto geht weiter, Pressemeldung: URL: http://www1.adac.de/adac-im-einsatz/motorwelt/m_archiv/Pressemeldungen/Eco_Test_2009.asp?TL=2, Zugriff: 23.12.2009.

Beckmann, Jörg (2009): Das gute Auto; Chancen und Herausforderungen der Elektromobilität. Bern: Mobilitätsakademie (Hg.), Februar 2009, Working Paper 2: URL: http://www.mobilityacademy.ch/Files/Das_gute_Auto.pdf, Zugriff: 25.12.2009.

Better Place (2009):Battery switch statons: support for long distance road trips. Palo Alto, Californien, USA: URL: http://www.betterplace.com/solution/charging/, Stand: 06.12.2009.

Blum, Martin (2008): Stickoxid – eine unterschätzte Gefahr. Factsheet 2008–02. Stickoxide entstehen bei der Verbrennung von Treibstoff im Motor: URL: http://www.vcoe.at/start.asp?b=88&ID=3927, Zugriff: 15.11.2008.

BMW Group (2006): Mini Cooper / Mini Cooper S; Preisliste: November 2006. München: URL: http://www.7-forum.com/news/2006/mini2/preisliste_mini_cooper_s_stand_november_06.pdf, Zugriff: 10.12.2009.

BMW Group (2009): Mini E Pilotprojekt; Daten und Ausstattungen. München: URL: http://www.mini.de/de/de/mini_e/index.jsp, Zugriff: 04.12.2009.

BP (2009): BP Statistical Review of World Energy June 2009: URL: http://www.bp.com/liveassets/bp_internet/globalbp/globalbp_uk_english/reports_and_publications/statistical_energy_review_2008/STAGING/local_assets/2009_downloads/statistical_review_of_world_energy_full_report_2009.pdf, Zugriff: 17.11.2009.

Brabus Group (2009): Cars for Sale!; Tesla Roadster Sport Brabus – Green Package. Bottrop: URL: http://www.brabus.com/cars4sale.php?id=11837&kategorie=1, Stand: 18.12.2009.

Branke, Dirk (2009): So fährt der Elektro-Smart. In: Auto Bild, Nr. 50, 2009, Artikel vom 15.12.2009: URL: http://www.autobild.de/artikel/smart-electric-drive_1024301.html, Zugriff: 23.12.2009.

Bundesamt für Gesundheit Schweiz (2008): Polyzyklische aromatische Kohlenwasserstoffe (PAK): URL: http://www.bag.admin.ch/themen/chemikalien/00228/05582/index.html?lang=de, Zugriff: 15.11.20

Bundesministerium für Umwelt, Naturschutz und Reaktorsicherheit (2008): Ausbau erneuerbarer Energien im Strombereich; EEG-Vergütungen, -Differenzkosten und -Umlage sowie ausgewählte Nutzeneffekte bis zum Jahr 2030. In: Ausbau Erneuerbarer Energien im Strombereich bis zum Jahr 2030; Reihe Umweltpolitik. Berlin, Stand: Dezember 2008: URL: http://www.bmu.de/files/pdfs/allgemein/application/pdf/ausbau_ee_strom.pdf, Zugriff: 19.11.2009.

Bundesministerium für Umwelt, Naturschutz und Reaktorsicherheit (o. J.): Kurzinfo Erneuerbare Energien. Berlin: URL: http://www.bmu.de/erneuerbare_energien/kurzinfo/doc/3988.php, Stand: 29.12.2009.

Bundesregierung (2009a): Teurer für Stinker: die neue Kfz-Steuer. Berlin: URL: http://www.bundesregierung.de/Content/DE/Artikel/2009/01/2009-01-13-konjunkturpaket-neuregelung-kfz-steuer.html, Artikel vom 06. März 2009, Zugriff: 20.11.2009.

Bundesregierung (2009b): Nationaler Entwicklungsplan Elektromobilität der Bundesregierung. Berlin, August 2008: URL: http://www.bmwi.de/Dateien/BMWi/PDF/nationaler-entwicklungsplan-elektromobilitaet-der-bundesregierung,property=pdf,bereich=bmwi,sprache=de,rwb=true.pdf, Zugriff: 21.11.2009.

Conergy Unternehmensberatung (2009a): Elektromobilität – Städte und Kommunen als Partner der Energieversorger. In: Energate – Conergy Gruppe (Hg.): Studie. Essen, Juni 2009: URL: http://www.energate.de/download/index.php?view=download&id=3556, Zugriff: 09.12.2009.

Conergy Unternehmensberatung (2009b): Elektromobilität – ein Geschäftsfeld der Zukunft: auf für Energieversorger? In: Energate – Conergy Gruppe (Hg.): Studie. Essen, April 2009: URL: http://www.energate.de/download/Studie_09_2_Elektromobilitaet_conenergy.pdf, Zugriff: 09.12.2009.
Continental (2009): Division Powertrain; Geschäftsbereiche; Hybrid Electric Vehicle. Hannover: URL: http://www.conti-online.com/generator/www/com/de/continental/portal/themen/continental/zahlen/fakten_powertrain_de.html, Zugriff: 16.12.2009.
Daimler (2009a): Revolution für den Antrieb des Automobils wird Elektrizität in Zukunft immer mehr an Bedeutung gewinnen. Stuttgart: URL: http://www.daimler.com/dccom/0-5-1189740-49-1194078-1-0-0-1193782-0-0-135-7145-0-0-0-0-0-0-0.html, Zugriff: 29.11.2009.
Daimler (2009b): Web Auftritt Smart; electric drive; Erste Antworten: URL: https://www.smart.com/-snm-0135207824-1259501840-0000018590-0000000102-1261599139-enm-is-bin/INTERSHOP.enfinity/WFS/mpc-de-content-Site/de_DE/-/EUR/Smart_NG_ViewStatic-PageComponent?NavigationID=urn%3Auuid%3A6bf159ed-0c58-5c54-855a-84b62adfdfaa, Zugriff: 23.12.2009.
DBM-Energy (2009): Produkte; Fakten und Zahlen; Ökonomie. Berlin: URL: http://dbm-energy.com/index.php?ms=Oekonomie&PHPSESSID=342c1b143c72293 edc4e228445f5bef9&ft=1262124144, Zugriff: 23.12.2009.
Delhaes, Daniel (2009): Bund plant Mobilitätskongress, vom 07.12.2009: URL: http://www.handelsblatt.com/politik/deutschland/elektromobilitaet-bund-plant-mobilitaetskongress;2495372, Zugriff: 17.12.2009.
Dell (2009): Rückrufaktion für Notebook-Akkus 2006 – Update 2009. Frankfurt am Main: URL: http://support.euro.dell.com/support/topics/topic.aspx/emea/shared/support/batteryrecall/de/main?c=de&l=de&s=gen, Zugriff: 03.12.2009.
Deutsche Gewerkschaft für Sonnenenergie (2007): CO_2-Emissionen von Elektroautos im Vergleich, Stand: Februar 2007: URL: http://www.unendlich-viel-energie.de/de/strom/detailansicht/browse/3/article/164/co2-emissionen-von-elektroautos-im-vergleich.html, Zugriff: 09.12.2009.
Doll, Claus (2007):Zukunftsmarkt Hybride Antriebstechnik; Fallstudie im Auftrag des Umweltbundesamtes im Rahmen des Forschungsprojektes Innovative Umweltpolitik in wichtigen Handlungsfeldern. In: Umweltbundesamt (Hg.): Umwelt, Innovation, Beschäftigung, 10/07. Dessau-Roßlau, Stand: Dezember 2007: URL: http://www.umweltdaten.de/publikationen/fpdf-l/3453.pdf, Zugriff: 21.11.2009.
Düsi, Matthias (2006): Akku Ladezeit berechnen, vom 17.04.2006: URL: http://duesiblog.de/index.php?/archives/88-Akku-Ladezeit-berechnen.html, Zugriff: 04.12.2009.

Electric Auto Association (2009): Plug-in Vehicle Tracker; Plug In America: URL: http://www.pluginamerica.org/plug-in-vehicle-tracker.html, Zugriff: 25.12.2009.

Eschment, Wolfgang (o. J.): Premiere in LA: 2-Liter-Auto von VW; Zwei Liter, bitte: URL: http://www.autozeitung.de/neuheiten/premiere-in-la-2-liter-auto-von-vw, Stand: 25.12.2009.

Europäisches Parlament und Rat (2006): Richtlinie 2006/66/EG des Europäischen Parlaments und des Rates vom 6. September 2006 über Batterien und Akkumulatoren sowie Altbatterien und Altakkumulatoren und zur Aufhebung der Richtlinie 91/157/EWG: URL: http://eur-lex.europa.eu/LexUriServ/LexUriServ.do?uri=CELEX:32006L0066:DE:NOT, Stand 08.12.2009

Europäisches Parlament und Rat (2009): Verordnung (EG) Nr. 443/2009 des Europäischen Parlaments und des Rates; vom 23. April 2009 zur Festsetzung von Emissionsnormen für neue Personenkraftwagen im Rahmen des Gesamtkonzeptes der Gemeinschaft zur Verringerung der CO_2-Emissionen von Personenkraftwagen und leichten Fahrzeugen. In: Amtsblatt der Europäischen Union, L 140/1, 05. Juni 2009: URL: http://eur-lex.europa.eu/LexUri Serv/LexUriServ.do?uri=OJ:L:2009:140:0001:0015:DE:PD, Stand: 25.12. 2009.

Fasse, Markus; Herz, Carsten (2009): Dem Elektroauto fehlen Ingenieure. Müchen und Frankfurt. In: Handelsblatt, vom 18.08.2009: URL: http:// www.handelsblatt.com/unternehmen/industrie/dem-elektroauto-fehlen-ingeni eure; 2446148, Zugriff: 17.12.2009.

Feldman, Stacy (2008): Deutsche Bank: Electric Cars Could Wipe Gas Cars off the Map, vom 09. April 2009: URL: http://solveclimate.com/blog/20080409/ deutsche-bank-electric-cars-could-wipe-gas-cars-map, Zugriff: 24.12.2009.

Fritsche, Uwe R.; Rausch, Lothar; Schmidt, Klaus (2007): Treibhausgasemissionen und Vermeidungskosten der nuklearen, fossilen und erneuerbaren Strombereitstellung – Arbeitspapier -. Darmstadt: Öko-Institut e. V. (Hg.), März 2007: URL: http://www.oeko.de/oekodoc/318/2007-008-de.pdf, Zugriff: 09.12.2009.

German E Cars (2009): Benni; Mögliche Einsatzbereiche. Grebenstein: URL: http://www.german-e-cars.de/Einsatzgebiete.14.0.html, Zugriff: 23.12.2009.

Graunitz, Björn (2009):Batteriewechsel und Geschäftsmodell, vom 13.10.2009: URL: http://www.elektroniknet.de/home/better-place/n/d/batteriewechsel-und-geschaeftsmodell/, Zugriff: 06.12.2009.

Grünweg, Tom (2009a): Ladetechnik für Elektroautos; Strom ohne Strippe, vom 05.11.2009: URL: http://www.spiegel.de/auto/aktuell/0,1518,658351,00.html, Zugriff: 08.12.2009.

Grünweg, Tom (2008): Mini E; Psst, die Zukunft rollt heran! vom 19.11.2008: URL: http://www.spiegel.de/auto/fahrberichte/0,1518,591442,00.html, Zugriff: 23.12.2009.

Hamilton, Tyler (2009): Was vom Öko-Auto übrig bleibt, vom 21.08.2009. Hannover: Heise Zeitschriften Verlag: URL: http://www.heise.de/tr/artikel/Was-vom-oeko-Auto-uebrig-bleibt-403956.html, Zugriff: 03.12.2009.

Heymann, Eric (2009): Automobilindustrie am Beginn einer Zeitwende. Deutsche Bank Research (Hg.). In: Beiträge zur europäischen Integration; EU-Monitor 62. Frankfurt am Main: URL: http://www.dbresearch.de/PROD/DBR_INTERNET_DE-PROD/PROD0000000000237289.pdf, Stand: 27.12.2009.

International Panel on Climate Change (2007): A report of Working Group I of the Intergovernmental Panel on Climate Change; Summary for Policymakers. In: Climate Change 2007: The Physical Science Basis. Contribution of Working Group I to the Fourth Assessment Report of the Intergovernmental Panel on Climate Change: Solomon, S., D. Qin, M. Manning, Z. Chen, M. Marquis, K.B. Averyt, M.Tignor and H.L. Miller (Hg.). Cambridge University Press, Cambridge, United Kingdomand New York, NY, USA: URL: http://www.ipcc.ch/pdf/assessment-report/ar4/wg1/ar4-wg1-spm.pdf, Stand: 15.11.2009.

Kendall, Gary (2008): Plugged In. The End of Oil Age: WWF-World Wide Fund for Nature (Hg.): URL: http://www.betterplace.com/images/news/WWF_Plugged_In_report_on_transportation_fuels_March_2008.pdf, Stand: 15.11.2009.

Klaus, Thomas et. al. (2009): Klimaschutz und Versorgungssicherheit; Entwicklung einer nachhaltigen Stromversorgung. Dessau-Roßlau: Umweltbundesamt. In: Climate Change, Ausgabe 13, 2009: URL: http://www.umweltdaten.de/publikationen/fpdf-l/3850.pdf, Stand: 14.11.2009.

Kraftfahrt Bundesamt (a2009): Fahrzeugklassen und Aufbauarten – Zeitreihe in den Jahren 1950 bis 2009: URL: http://www.kba.de/cln_005/nn_191172/DE/Statistik/Fahrzeuge/Bestand/FahrzeugklassenAufbauarten/b__fzkl__zeitreihe.html, Stand: 06.11.2009.

Kraftfahrt Bundesamt (b2009): Emissionen, Kraftstoffe – Deutschland und seine Länder: URL: http://www.kba.de/cln_005/nn_269000/DE/Statistik/Fahrzeuge/Bestand/EmissionenKraftstoffe/2008__b__emi__eckdaten.html, Stand: 06.11.2009.

Leschus, Leon; Stiller, Silvia; Vöpel, Henning; Boje, Amelie; Clemens, Ulrich; Keller, Viktor; v. Collani, Frank; Freiherr v. Kap-herr, Robert; Langer, Michael; Schwarz, Daniel M. (2009): Mobilität. In: Berenberg Bank und Hamburgisches WeltWirtschaftsInstitut HWWI (Hg.): gemeinsame Studie, Reihe: Strategie 2030 – Vermögen und Leben in der nächsten Generation, Nr. 10. Hamburg, Stand: November 2009: URL: http://www.berenberg.de/fileadmin/assets/publikationen/strategie_2030/strategie_2030_mobilitaet.pdf, Zugriff: 14.12.2009.

Lichtblick (2009): LichtBlick – Strom zum günstigen Preis. Hamburg: URL: http://www.lichtblick.de/h/produkt_17.php, Zugriff: 29.12.2009.

McKinsey (2009): Elektroautos sparen Milliardeninvestitionen in herkömmliche Verbrennungsmotoren. Düsseldorf: Pressemitteilung, vom 01. September: URL: http://www.mckinsey.de/downloads/presse/2009/090901_pm_elektro mobilitaet.pdf, Zugriff: 17.12.2009.

Oliver Wyman Unternehmensberatung (2009): Oliver Wyman-Studie „Elektromobilität 2025"; Powerplay beim Elektrofahrzeug. München: Pressemitteilung, 09. September 2009: URL: http://www.oliverwyman.com/de/pdf-files/ PM_E-Mobility_2025.pdf, Zugriff:

Ottenbach, Bernd (2009): Elektroautos; Standard für Ladestecker. In: Automobil-Industrie, vom 20.04.2009. Würzburg: URL: http://www.automobil-industrie.vogel.de/antrieb/articles/184379/, Zugriff: 05.12.2009.

o. V. (2002): Wissenschaftliche Fakten; Klimawandel; Sachstand 2001: Internet Auftritt GreenFacts: URL: http://www.greenfacts.org/de/klima-wandel-ar3/l-2/klima-wandel-3.htm#2, Stand: 15.11.2009.

o. V. (2007): Euro 5: Emissionsvorschriften für Fahrzeuge: URL: http://www.euractiv.com/de/verkehr/euro-5-emissionsvorschriften-fahrzeuge/article-137720, Stand: 20.11.2009.

o. V. (2009a): Tesla Roadster: Überzeugender öko-Fahrspaß aus dem Silicon Valley: URL: http://www.elektroauto-fahren.com/tesla-roadster.html, Stand: 03.12.2009.

o. V. (2009b): Drehstrom; Dreiphasenstrom. München: Wissen Media Verlag: URL:http://www.wissen.de/wde/generator/wissen/ressorts/technik/index,pag e=1086666.html, Stand: 29.12.2009.

o. V. (2009c): Standard für Ladestecker: E-Autos weltweit problemlos „betanken", veröffentlicht am: 05.11.2009. In: Auto-Report.net, Berlin: URL: http://v-10077.intertech.de/editnews/base/objects/build_pdf.php?dom_id=2&art_id=34404&lang_id=1, Zugriff: 05.12.2009.

o. V. (2009d): Chemtall errichtet Pilotanlage zur Wiederaufbereitung von Lithium-Ionen-Batterien, vom 23.09.2009: URL: http://www.gefahrgut-online.de/sixcms/detail.php?id=886204a, Zugriff: 07.12.2009.

o. V. (o. J. a): Funktionsweise Hybridantrieb: URL: http://www.im-auto.de/hybridantrieb/funktionsweise.html, Stand: 29.12.2009.

o. V. (o. J. b): Mildhybrid: URL: http://www.im-auto.de/hybridantrieb/hybridi sierungsstufen/mildhybrid.html, Zugriff: 27.11.2009.

o. V. (o. J. c): Finden Sie den günstigsten Preis für Benzin, Super, Diesel, Autogas, Erdgas Kraftstoff; Statistik: URL: http://www.clever-tanken.de/statis tik2.asp, Zugriff: 29.12.2009.

o. V. (o. J. d): Jetzt helf ich mir selbst! Berechnung Akku-Ladezeit: URL: http://www.wolff-elektro.de/kurs2.htm, Stand: 04.12.2009.

Pander, Jürgen (2008): Zurück in die Elektroauto-Zukunft; Blackout auf Rügen, vom 21.12.2008: URL: http://www.spiegel.de/auto/aktuell/0,1518,59 5808,00.html, Zugriff: 23.12.2009.

Pehnt, Martin; Höpfner, Ulrich (2007): Elektromobilität und erneuerbare Energien; Arbeitspapier Nr. 5 im Rahmen des Projektes „Energiebalance – Optimale Systemlösungen für Erneuerbare Energien und Energieeffizienz". Heidelberg und Wuppertal: ifeu – Institut für Energie- und Umweltforschung Heidelberg und Wuppertal-Institut für Klima, Umwelt, Energie, November 2007: URL: http://www.bmu.de/files/pdfs/allgemein/application/pdf/elektro mobilitaet_ee_arbeitspapier.pdf, Zugriff: 29.12.2009.

Pflegerl, Markus (2009a): „Green Package" von RWE-Brabus: Tesla Roadster und Schnellladestation, vom 28. November 2009: URL: http://www.wattgeht ab.com/index2.php?option=com_content&task=view&id=2640&pop=1&Ite mid=25, Zugriff: 05.12.2009.

Pflegerl, Markus (2009b): Neuer HV-PTC-Zuheizer für Elektrofahrzeuge, vom 01. Dezember 2009: URL: http://www.wattgehtab.com/index.php/content/ view/2644/25/, Zugriff: 08.12.2009.

Pflegerl, Markus (2009c): RWE-Ladesäule nun auch in Düsseldorf, vom 18. August 2009: URL: http://www.wattgehtab.com/index.php/content/view/ 2537/25/, Zugriff: 23.12.2009.

Rolf, Ulrike (2009): Neue Recyclingkonzepte für die Batterien in Elektroautos; Bundesumweltministerium fördert Forschungsproject LithoRec, vom 14.09.2009: URL: http://www.innovations-report.de/html/berichte/umwelt_ naturschutz/neue_recyclingkonzepte_batterien_elektroautos_139503.html, Zugriff: 07.12.2009.

RWE (2009): RWE Mobility; Ihr Paket. Essen: URL: http://www.rwe-mobility.com/web/cms/de/331822/rwemobility/ihr-e-paket/e-paket/, Stand: 29.12.2009.

Toyota (2009): Der Nächste Prius. Wegweisend. Toyota Deutschland, Köln: URL: http://www.toyota.de/cars/coming_soon/prius/index.aspx, Stand: 10.12. 2009.

Toxco (o. J.): About Battery Recycling; Toxco Recycles Most Types and Sizes of Batteries Including Alkaline, Lithium, Mercury, NiCd, Lead and Many Ohters. Anaheim, Canada: URL: http://www.toxco.com/aboutrecycle.html, Stand: 29.12.2009.

Umweltbundesamt (2007): Nur mit Plakette durch die Umweltzone; Neues Werkzeug im Kampf gegen Feinstaub und Stickstoffdioxid. Dessau-Roßlau: Presseninformation Nr. 10/2007: URL: http://www.umweltbundesamt.de/uba-info-presse/2007/pdf/pd07-010.pdf, Stand: 20.11.2009.

Umweltbundesamt (2009): Entwicklung der spezifischen Kohlendioxid-Emissionen des deutschen Strommix 1990 – 2007. Dessau-Roßlau: URL: http://www.umweltbundesamt.de/energie/archiv/co2-strommix.pdf, Zugriff: 09.12.2009.

Varesi, Andreas (2009): Kurz- und mittelfristige Erschließung des Marktes für Elektroautomobile Deutschland – EU. München: Technomar GmbH; TüV Süd (Hg.): Ergebnisse der Gemeinschaftsuntersuchung, Oktober 2009: URL: http://www.technomar.de/studien/studie_emobil_allgemein.pdf, Zugriff: 24.12. 2009.

Umweltbundesamt (2010): Umweltzonen und Luftreinhaltepläne in Deutschland. Dessau-Roßlau: URL: http://gis.uba.de/website/umweltzonen/index.htm, Zugriff: 13.01.2010.

VARTA Microbattery (2009): Joint Venture von VARTA Microbattery und Volkswagen, Pressemitteilung vom 25.09.2009. Ellwangen: URL: http://www.varta-microbattery.com/en/mb_data/documents/press_releases/PR2009 0925_VARTA_VW_de.pdf, Zugriff: 08.12.2009.

Vattenfall Europe (2009a): BMW Group und Vattenfall Europe übergeben 50 MINI E an Nutzer in Berlin. Berlin: Pressemitteilung vom 22.06.2009: URL: http://www.vattenfall.de/www/vf/vf_de/225583xberx/232127press/23 2157press/232443press/index.jsp?pmid=166487, Zugriff: 23.12.2009.

Vattenfall Europe (2009b): Projekt MINI E Berlin powerd by Vattenfall; Fragen und Antworten. Berlin: URL: http://www.vattenfall.de/www/vf/vf_de/2255 83xberx/228797innov/228917wasse/1550203minix/1565379frage/index.jsp, Zugriff: 23.12.2009.

Verivox (2009a): Vattenfall; Berlin klassik Privatstrom, Basisjahr 2008, Preise gültig ab 01.01.2010: URL: http://www.verivox.de/power/tariffs.aspx?plo cation=0&id=251022&region=31514, Stand: 29.12.2009.

Verivox (2009b): RWE; RWE Strom klassik, Basisjahr 2007: URL: http://www.verivox.de/power/tariffs.aspx?id=254056, Stand: 29.12.2009.

Volkswagen AG (o.J.): Feinstaub – Wer darf fahren?; Aktuelle Information; Umweltplakete ab 1. März 2007: URL:http://www.volkswagen.de/etc/medialib/vwcms/virtualmaster/de/kunden___service/volkswagen_service/dokumente.Par.0021.File.pdf/dpf_infoblatt_aktuell.pdf, Stand: 20.11.2009.

Volkswagen AG (2010): Der Golf; Technik und Preise Gültig für das Modelljahr 2010. Wolfsburg: http://www.volkswagen.de/etc/medialib/vwcms/virtual master/de/Models/golf0/golf_6/media.Par.0055.File.pdf/technikupreise_golf 20091125.pdf, Zugriff: 25.12.2009.

Weßner, Konrad (2007): Kundenanforderungen an das Automobil heute und Morgen; Aktuelle Marktforschungserkenntnisse, Vortrag am 15.12.2009. Nürnberg: puls Marktforschung (Hg.): URL: http://www.puls-navigation.de/files/vortraege/151207.pdf, Zugriff: 17.12.2009.

Zajonc, Patrick (2008): Lipo Hinweise; Sicherheit und Hinweise für den Umgang mit Lithiumpolymerzellen (LiPo), Veröffentlicht am 24.05.2008: URL: http://www.flugleiter.de/rc/akku/lipo, Zugriff: 29.12.2009.

Zemke, Christa (2009): Elektroautos als Energiespeicher; KIT-Forscher beteiligen sich am bundesweiten Großprojekt „Flottenversuch Elektromobilität", vom 16.01.2009: URL: http://www.innovations-report.de/html/berichte/energie_elektrotechnik/elektroautos_energiespeicher_125546.html, Zugriff: 24.12.2009.

ZF Antriebs- und Fahrwerktechnik (o. J. a): Die Hybridleistungsklassen. Friedrichshafen: URL: http://www.zf.com/corporate/de/products/innovations/hybrid_technology/hybrid_power_classes/hybrid_power_classes.html, Zugriff: 27.11.2009.

ZF Antriebs- und Fahrwerktechnik (o. J. b): Die Hybridarchitektur. Friedrichshafen: URL: http://www.zf.com/corporate/de/products/innovations/hybrid_technology/hybrid_architectures/hybrid_architectures.html, Zugriff: 27.12. 2009.

Sonstige Quellen

Mündliche Auskunft (2009a): Packetpreis von 61.500 € gültig ausserhalb NRW. Packet enthält, Fiat Micro-Vett 500 E, Ladesäule und Strom: Telefonat am 15.12.2009; RWE-Mobility Vertrieb, Essen.

Schriftliche Auskunft (2009): „Bisher haben wir viele Anfragen zu dem Paket erhalten. Sicherlich ist es wegen der aktuellen Preisstellung vor allem für Firmenkunden interessant, die ein Zeichen für Innovation und Umweltschutz setzen wollen. Mit dieser ersten Generation von Umrüstfahrzeugen ist leider auch noch kein V2G-Ansatz möglich. Wir wollen aber den Kunden, die heute ein Elektrofahrzeug haben möchten, auch bereits heute ein Angebot machen": Email vom 18.12.2009; Hr. Jens Lorkowski, B2C Business Development / Privat- und Gewerbekundengeschäft, RWE Effizienz GmbH, E-Mobility, Essen.

Mündliche Auskunft (2009b): Aufgrund des starken Wettbewerbs um Elektromobile ist es nicht möglich, Informationen mitzuteilen, die über die Pressemeldungen hinausgehen. Auch Informationen zum aktuellen Pilotprojekt in Berlin „Smart ed“ können nicht weitergegeben werden. Ein Einblick ist aus Wettbewerbsgründen nicht möglich. Alle Informationen finden sich auf der Homepage, Informationen darüber hinaus können nicht bekannt gegeben werden: Telefonat am 19. November 2009, Hr. Thomas Waschke, Daimler AG, Berlin.

Übrige Verzeichnisse

Abkürzungsverzeichnis

A

Akku	Akkumulator

B

BEV	Battery Electric Vehicle / rein elektrisch betriebenes Fahrzeug mit Batterie

C

CO_2	Kohlenstoffdioxid
CtL	Coal to liquid / Verflüssigte Kohle
C°	Celsius

E

EE	Erneuerbare Energien
EEG	Erneuerbare Energien Gesetz
EV	Electric Vehicle / Elektromobil

G

GtL	Gas to liquid / Verflüssigtes Gas

H

h	Hour / Stunde
HC	Kohlenwasserstoff
HEV	Hybrid Electric Vehicle / Hybridfahrzeug

I

I	Ampère / Einheit für die Stromstärke
IKT-Industrie	Informations- und Kommunikationstechnologie-Unternehmen

J

J	Joule / Einheit für Energie

K

Kg	Kilogramm
Kj	Kilojoule
km	Kilometer
KMU	kleine und mittelständische Unternehmen
kWh	Kilowattstunde

L

l	Liter
Li-Ion	Lithium-Ionen-Akkumulator

M

m	Masse
MJ	Megajoule

N

Na-NiCl	Natrium-Nickel-Chlorid-Akkumulator
NEEdB	Nationaler Entwicklungsplan Elektromobilität der Bundesregierung
Ni-Cd	Nickel-Kadmium-Akkumulator
Ni-MH	Nickel-Metallhybrid-Akkumulator
NO_x	Stickoxid

P

P	Watt / elektrische Arbeit
PAK	Polyzyklische aromatische Kohlenwasserstoffe
$Pb\text{-}PbO_2$	Blei-Säure-Akkumulator
PHEV	Plug-in Hybrid Electric Vehicle / Hybridfahrzeug mit externer Lademöglichkeit
PKW	Personenkraftwagen
PM	Particulate Matter / Feinpartikel

S

SO_2	Schwefeldioxid

T

t	Tonne
TWh	Terawattstunde

U

U	Volt / elektrische Spannung

W

W	Watt / Internationale Einheit der Leistung
Wh	Wattstunden

Abbildungsverzeichnis

Tabellenverzeichnis

Anhang

Tabelle 8–1: Überblick Chancen und Risiken durch Elektromobilität

Chancen und Risiken durch Elektromobilität	
Chancen	**Risiken**
Umwelt und Technologie	
• Verbesserung der Netzeinbindung fluktuierender erneuerbarer Energien und der Effizienz der Stromerzeugung durch mobile Speicher • Beitrag zum Klimaschutz und Minderung lokaler Emissionen • Konsumenten können Umweltauswirkungen der Automobile durch Wahl des Energieversorgers beeinflussen • Bessere Umsetzung der umweltpolitischen Ziele durch den Staat möglich • Reduzierung der Importabhängigkeit vom Erdöl, langfristige Sicherung der Mobilität • Zusätzlicher Schub für die erneuerbaren Energien und Stärkung der Versorgungssicherheit • Recyclingwirtschaft nimmt an Bedeutung zu	• Alternative Kraftstoffe wie CtL, GtL oder Gas setzten sich durch • Rohstoffabhängigkeit und -verfügbarkeit könnte Wachstum bremsen • Steigende Rohstoffpreise führen zu steigenden Preisen der Komponenten
Wirtschaft und Markt	
• Differenziertes Mobilitätsangebot durch Automobilhersteller für Kunden und Erweiterung des Produktportfolio • Sicherung und zusätzlicher Absatz für Automobilhersteller, Energiewirtschaft, Zulieferer- u. IKT-Industrie • Innovationsschub für die deutsche Automobil-, Zulieferer- und IKT-Industrie • Zusätzlicher Absatz von Strom und Mobilitätsangebote durch Energieversorger • Einsparung von Emissions-Zertifikaten bei der Herstellung von Strom • Deutschland wird Leitmarkt für Elektromobilität	• Fehlende flächendeckende Infrastruktur für BEV • Schaffung von Rahmenbedingungen durch den Staat z.B. Kaufanreize zur Förderung der Marktdurchdringung von BEV und HEV • Unzureichender Zugang zu Schlüsseltechnologien im Bereich der Zell- und Batteriesysteme • Kostendegressionspfad für Batteriesysteme ist nicht gesichert • Unrealistische Erwartungshaltungen in der Öffentlichkeit können zu Enttäuschungen führen • Akzeptanzprobleme von Elektrofahrzeugen (z.B. Kosten, Sicherheit, Reichweite) • Schnellere Entwicklung bei Wettbewerbern und Zeitvorsprung bei der Entwicklung von HEV und BEV, Verlust von Marktanteilen • Technische Insellösungen könnten die Marktdurchdringung behindern
Branchenübergreifend	
• Schaffung neuer Arbeitsplätze für hoch qualifizierte Fachkräfte • Langfristiger Aufbau und Sicherung von Arbeitsplätzen in Deutschland • Branchenübergreifende Kooperationen, Synergie- und Lerneffekte	• Hoher Investitionsbedarf • Reibungspunkte in den branchenübergreifenden Kooperationen

Quelle: Eigene Darstellung in Anlehnung an den Nationalen Entwicklungsplan Elektromobilität der Bundesregierung (2009); Knie, Andreas; Canzler, Weert (2009), o. V. (2009): Berliner Zeitung vom 17. September 2009, Nr. 217, Wirtschaft, S. 13, Bindel, Ralf (2009), Scholz, Gerd (2009), Marek, Sina (2009), o.V. (2009): Umwelt Magazin, Ausgabe 04–05/2009, S. 8, Deutsche Gewerkschaft für Sonnenenergie (2007), Engel, Tomi (2007), Heymann, Eric (2009), Schumann, Rolf (2009), BMU (2009), Pehnt, Martin; Höpfner Ulricht (2009)

Tabelle 8–2: Roadmap Leitmarkt Elektromobilität der Bundesregierung

	Phase 1 (2009–2011) Marktvorbereitung	**Phase 2 (2011–2016) Markthochlauf**	**Phase 3 (2017–2020) Volumenmarkt (Ziel: Leitmarkt E-Mobility)**
F&E	FuE ist in allen Phasen in den Bereichen Energiespeicher, Fahrzeugtechnik und Infrastruktur/Netzintegration von besonderer Bedeutung.		
Energie-speicher	• F&E, sowie Produktionsanlauf von Li-Akkus der 1. Generation • F&E an Li-Akkus der 2. Generation u. an Doppelschichtkondensatoren	• Demonstration und Feldtests Li-Akkus u. Doppelschichtkondensatoren • Massenproduktion v. Li-Akkus 1. Generation • Produktionsanlauf Li-Akkus 2. Generation u. von Doppelschichtkondensatoren • F&E an Li-Akkus der 3. u. 4. Generation	• Massenproduktion von Li-Akkus der 2. Generation und von Doppelschichtkondensatoren • Produktionsanlauf von Li-Akkus der 3. Generation • Fortsetzung der F&E an Li-Akkus und alternativen Speichertechnologien
Fahrzeug-technik	• Fertigung von PHEV und BEV auf Basis bestehender Fahrzeugplattformen als Prototypen • Antriebstechnologie angepasst an Leistungsklasse, Bauraum, Sicherheit und Zuverlässigkeit • F&E für elektrische, elektronische und mechanische Fahrzeugkomponenten für PHEV und BEV	• Herstellung von PHEV und BEV auf Basis bestehender Plattformen durch alle Hersteller in Kleinserie • Serienreife der Plattform des PHEV/BEV der 2. Generation • F&E für kostengünstige Antriebstechnologien und Fahrzeugkomponenten für Plattformen der 2. Generation	• Massenfertigung von PHEV/BEV der 2. Generation • Fertigung von BEV und PHEV höherer Leistungsklassen
Infra-struktur	• F&E von neuen Komponenten • Test- und Simulationseinrichtung zur Erprobung der Netzeinbindung • Erste öffentliche Ladestationen • Studien und Demonstrationen zur Kopplung mit erneuerbaren Energien	• Ladeinfrastruktur in vielen Städten und Regionen • F&E sowie Ersterprobung der Netzeinbindung (Lastmanagement) • Kopplung mit erneuerbaren Energien • Entwicklung fortgeschrittener Lade- u. Energieübertragungssysteme	• Feldtests kompletter Systeme unter Realbedingungen • Flächendeckende Ladeinfrastruktur • Netzeinbindung u. Rückspeisung • Ersterprobung der Schnell-Ladung, kontaktlose Energieübertragung
Rahmen-bedingungen	• Sicherheitsstandards • Ordnungspolitischer Rahmen • Normung von Schnittstellen	• Nutzung der Beschaffungsrichtlinien für die öffentliche Hand • Prüfung von Anreizsystemen	•
Markt-entwicklung	• Einsatz in Flottenversuchen	• Erste private Nutzer • Geschäftsmodelle für Laden, Rückspeisen und Batterien	• Eine Millionen BEV im Jahr 2020 • Deutschland ist Leitmarkt für Elektromobilität

Quelle: Nationaler Entwicklungsplan Elektromobilität der Bundesregierung (2009), S. 45 f.

Tabelle 8–3: Forecast der Automobilhersteller über die Markteinführung von PHEV & BEV Modellen

Hersteller	Modell & Typ	Planung / Besonderheiten	Views
Audi	A1 Sportback / PHEV	Ab 2011	
BMW	Mini-E / BEV	Ab 2009 / 500 Stück für Testflotte	
BYD	e6 / BEV	Ab 2009 in China, 2010 Europa, 2011 USA / in 10 min. bis 50 % Akkukapazität aufladbar	
BYD	F3DM / PHEV	Ab 2009 in China, 2010 USA, 2011 Europa / Einsatz bisher staatliche Einrichtungen in China	
Citroën	C-Zero /BEV	Ab Q4 2010 in der EU, Leasing in Japan als i-MiEV bereits heute / 80 % Akkukapazität in 30 min. möglich	
Daimler	Smart ED (Electric Drive) / BEV	Ab 2012 / bereits im Test 1.000 in Italien & Deutschland, USA 2 hälfte 2010	
Daimler	Mercedes Benz SLS eDrive / BEV	Ab 2015 möglich	
Ford	Escape / PHEV	Ab 2012 in den USA	
Ford	Focus / BEV	Ab 2011 in den USA / 10.000 Stück	

Hersteller	Modell & Typ	Planung / Besonderheiten	Views
GM	Vecrolet Volt / BEV	Ab Nov. 2010 in den USA für ca. 40.000 $	
Herpa Miniatur-modelle GmbH	Trabant nT / BEV	Ab 2012 verfügbar	
Heuliez	Will / BEV	Ab 2010 für 20.000 bis 25.000 € in verschiedenen Stufen bis 400 km Reich-weite	
Hyundai	i10 Electric / BEV	Ab zweite Hälfte 2010 in Korea, Weltweit ab 2012	
Mitsubishi	iMiEV / BEV	Verkauf in Japan ab April 2010, USA & EU 2010 für 47.500 $	
Nissan	LEAF / BEV	Ab 2010 in Teilen Asiens / ab 2012 Weltweit für ca. 28.000 – 30.000 $	
Pevgeot	iOn /BEV	Ab Ende 2010 / Ladung des Akkus auf 80 % in 30 Min. möglich	
Renault	Fluence ZE / BEV	Ab erste Hälfte 2011 in Is-rael & Dänemark / Schnell-ladung in 20 Min. möglich / 20.000 – 40.000 Stück / Auftrag Projekts Better Place / Soll 3.000 – 5.000 € günstiger als das konventio-nelle Modell sein	
Renault	Kangoo ZE / BEV	Ab 29. März 2012 in Europa	

Hersteller	Modell & Typ	Planung / Besonderheiten	Views
Renault	Zoe ZE / BEV	Ab erste Hälfte 2011 in Europa / Schnellladung 20 Min. möglich	
Tata Motors	Indica EV / BEV	Ab 2009 Europa / Reichweite 200 km	
Tesla	Roadster / BEV	Seit 2008 in den USA / Canada & EU seit Q4 2009 für 109.000 $	
Th!nk	City / BEV	In Norwegen verfügbar, ab 2010 in den USA & EU	
Th!nk	O / BEV	Ab 2010–2011 in Europa / Schnellladung auf 80 % Akkukapazität unter 1 Std.	
Toyota	Prius Plug-in / PHEV	Ab Ende 2009 im Test mit 500 Fahrzeugen in Japan, EU & USA / Massenproduktion ab 2012 für ca. 47.500 $	
VW	Twin Drive / PHEV	Ab 2013 lt. Aussage CEO	
Volvo	V70 / PHEV	Ab 2012	

Quelle: Eigene Darstellung / Daten und Bilder von URL: http://www.pluginamerica.org (Zugriff: 24.12.2009)

RWE E-Mobility Packet NRW

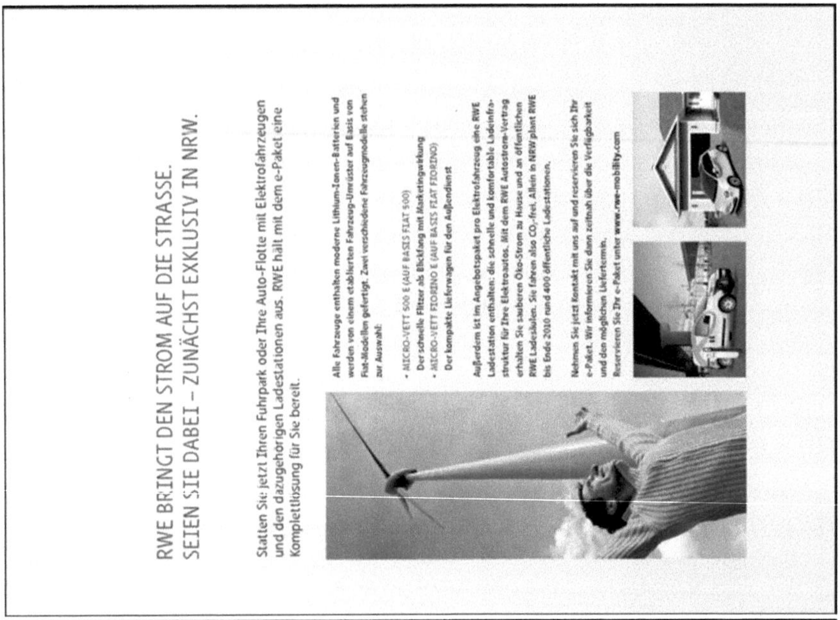

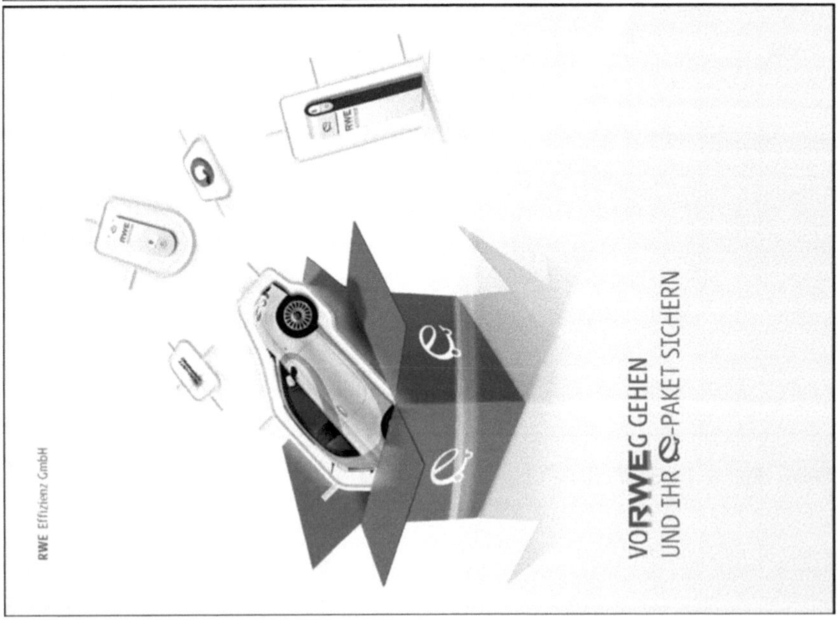

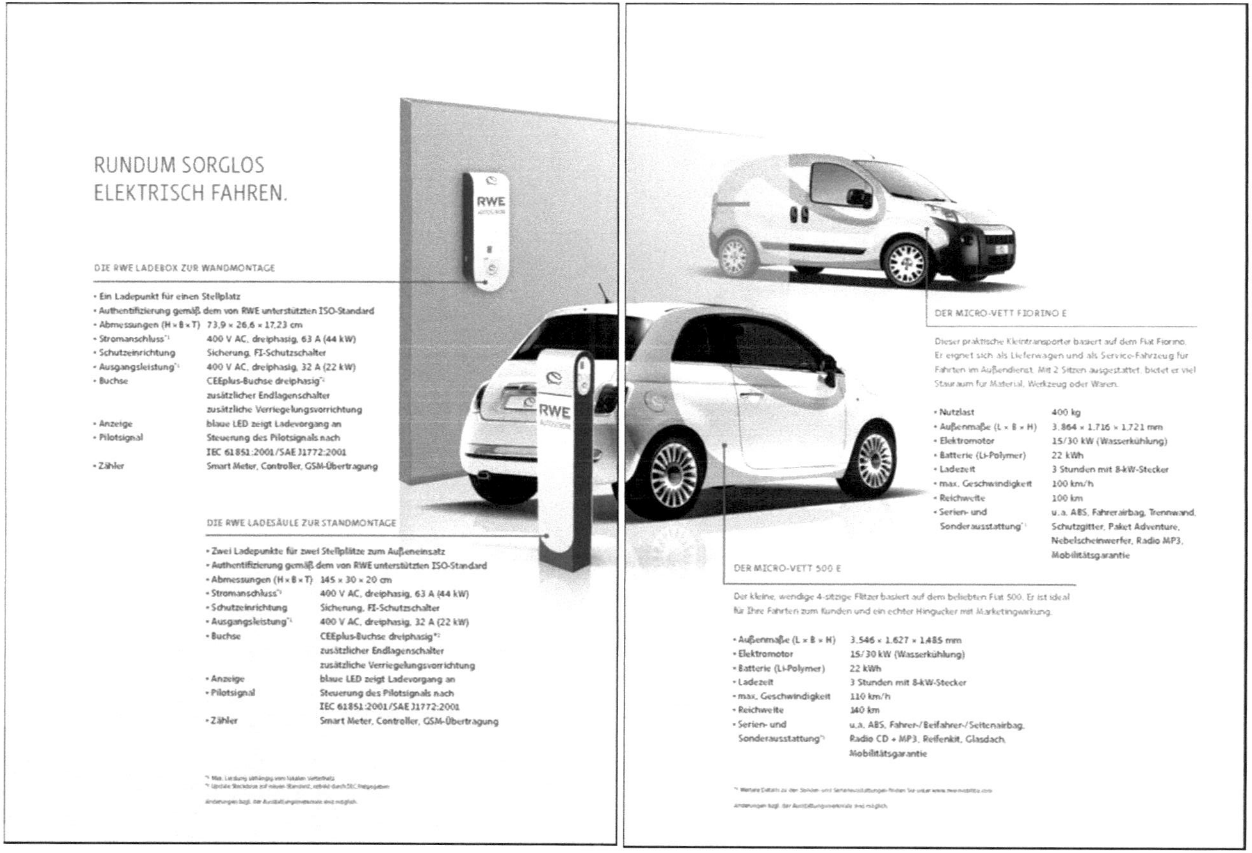
RUNDUM SORGLOS
ELEKTRISCH FAHREN.
DIE RWE LADEBOX ZUR WANDMONTAGE
• Ein Ladepunkt für einen Stellplatz
• Authentifizierung gemäß dem von RWE unterstützten ISO-Standard
• Abmessungen (H × B × T) 73,9 × 26,6 × 17,23 cm
• Stromanschluss 400 V AC, dreiphasig, 63 A (44 kW)
• Schutzeinrichtung Sicherung, FI-Schutzschalter
• Ausgangsleistung 400 V AC, dreiphasig, 32 A (22 kW)
• Buchse CEEplus-Buchse dreiphasig
zusätzlicher Endlagenschalter
zusätzliche Verriegelungsvorrichtung
• Anzeige blaue LED zeigt Ladevorgang an
• Pilotsignal Steuerung des Pilotsignals nach IEC 61851:2001/SAE J1772:2001
• Zähler Smart Meter, Controller, GSM-Übertragung
RWE
DIE RWE LADESÄULE ZUR STANDMONTAGE
• Zwei Ladepunkte für zwei Stellplätze zum Außeneinsatz
• Authentifizierung gemäß dem von RWE unterstützten ISO-Standard
• Abmessungen (H × B × T) 145 × 30 × 20 cm
• Stromanschluss 400 V AC, dreiphasig, 63 A (44 kW)
• Schutzeinrichtung Sicherung, FI-Schutzschalter
• Ausgangsleistung 400 V AC, dreiphasig, 32 A (22 kW)
• Buchse CEEplus-Buchse dreiphasig
zusätzlicher Endlagenschalter
zusätzliche Verriegelungsvorrichtung
• Anzeige blaue LED zeigt Ladevorgang an
• Pilotsignal Steuerung des Pilotsignals nach IEC 61851:2001/SAE J1772:2001
• Zähler Smart Meter, Controller, GSM-Übertragung
DER MICRO-VETT FIORINO E
Dieser praktische Kleintransporter basiert auf dem Fiat Fiorino. Er eignet sich als Lieferwagen und als Service-Fahrzeug für Fahrten im Außendienst. Mit 2 Sitzen ausgestattet, bietet er viel Stauraum für Material, Werkzeug oder Waren.
• Nutzlast 400 kg
• Außenmaße (L × B × H) 3.864 × 1.716 × 1.721 mm
• Elektromotor 15/30 kW (Wasserkühlung)
• Batterie (Li-Polymer) 22 kWh
• Ladezeit 3 Stunden mit 8-kW-Stecker
• max. Geschwindigkeit 100 km/h
• Reichweite 100 km
• Serien- und Sonderausstattung u.a. ABS, Fahrerairbag, Trennwand, Schutzgitter, Paket Adventure, Nebelscheinwerfer, Radio MP3, Mobilitätsgarantie
DER MICRO-VETT 500 E
Der kleine, wendige 4-sitzige Flitzer basiert auf dem beliebten Fiat 500. Er ist ideal für Ihre Fahrten zum Kunden und ein echter Hingucker mit Marketingwirkung.
• Außenmaße (L × B × H) 3.546 × 1.627 × 1.485 mm
• Elektromotor 15/30 kW (Wasserkühlung)
• Batterie (Li-Polymer) 22 kWh
• Ladezeit 3 Stunden mit 8-kW-Stecker
• max. Geschwindigkeit 110 km/h
• Reichweite 140 km
• Serien- und Sonderausstattung u.a. ABS, Fahrer-/Beifahrer-/Seitenairbag, Radio CD + MP3, Reifenkit, Glasdach, Mobilitätsgarantie

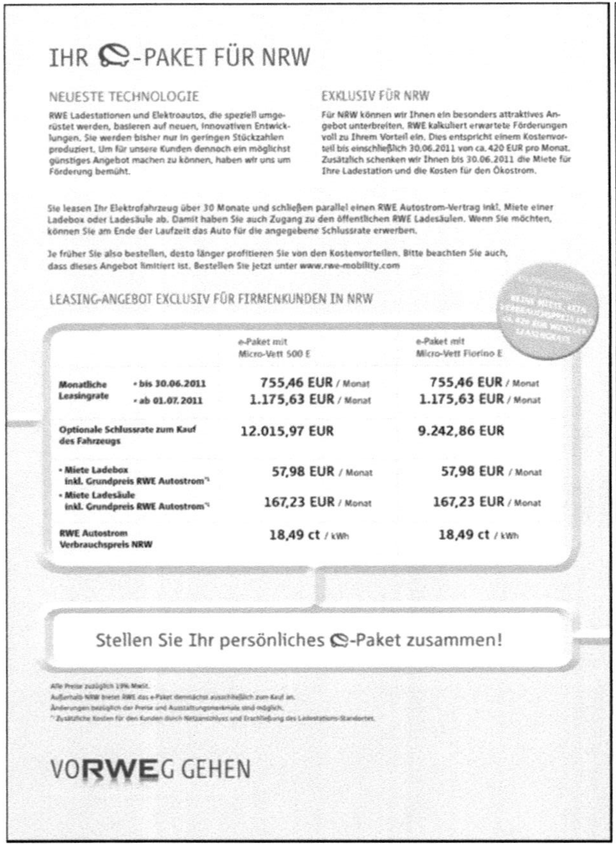

IHR e-PAKET FÜR NRW

NEUESTE TECHNOLOGIE

RWE Ladestationen und Elektroautos, die speziell umgerüstet werden, basieren auf neuen, innovativen Entwicklungen. Sie werden bisher nur in geringen Stückzahlen produziert. Um für unsere Kunden dennoch ein möglichst günstiges Angebot machen zu können, haben wir uns um Förderung bemüht.

EXKLUSIV FÜR NRW

Für NRW können wir Ihnen ein besonders attraktives Angebot unterbreiten. RWE kalkuliert erwartete Förderungen voll zu Ihrem Vorteil ein. Dies entspricht einem Kostenvorteil bis einschließlich 30.06.2011 von ca. 420 EUR pro Monat. Zusätzlich schenken wir Ihnen bis 30.06.2011 die Miete für Ihre Ladestation und die Kosten für den Ökostrom.

Sie leasen Ihr Elektrofahrzeug über 30 Monate und schließen parallel einen RWE Autostrom-Vertrag inkl. Miete einer Ladebox oder Ladesäule ab. Damit haben Sie auch Zugang zu den öffentlichen RWE Ladesäulen. Wenn Sie möchten, können Sie am Ende der Laufzeit das Auto für die angegebene Schlussrate erwerben.

Je früher Sie also bestellen, desto länger profitieren Sie von den Kostenvorteilen. Bitte beachten Sie auch, dass dieses Angebot limitiert ist. Bestellen Sie jetzt unter www.rwe-mobility.com

LEASING-ANGEBOT EXCLUSIV FÜR FIRMENKUNDEN IN NRW

	e-Paket mit Micro-Vett 500 E	e-Paket mit Micro-Vett Florino E
Monatliche Leasingrate • bis 30.06.2011	755,46 EUR / Monat	755,46 EUR / Monat
Monatliche Leasingrate • ab 01.07.2011	1.175,63 EUR / Monat	1.175,63 EUR / Monat
Optionale Schlussrate zum Kauf des Fahrzeugs	12.015,97 EUR	9.242,86 EUR
• Miete Ladebox inkl. Grundpreis RWE Autostrom*1	57,98 EUR / Monat	57,98 EUR / Monat
• Miete Ladesäule inkl. Grundpreis RWE Autostrom*1	167,23 EUR / Monat	167,23 EUR / Monat
RWE Autostrom Verbrauchspreis NRW	18,49 ct / kWh	18,49 ct / kWh

Stellen Sie Ihr persönliches e-Paket zusammen!

Alle Preise zuzüglich 19% MwSt.
Außerhalb NRW bietet RWE das e-Paket demnächst ausschließlich zum Kauf an.
Änderungen bezüglich der Preise und Ausstattungsmerkmale sind möglich.
*1 Zusätzliche Kosten für den Kunden durch Netzanschluss und Erschließung des Ladestations-Standortes.

VORWEG GEHEN

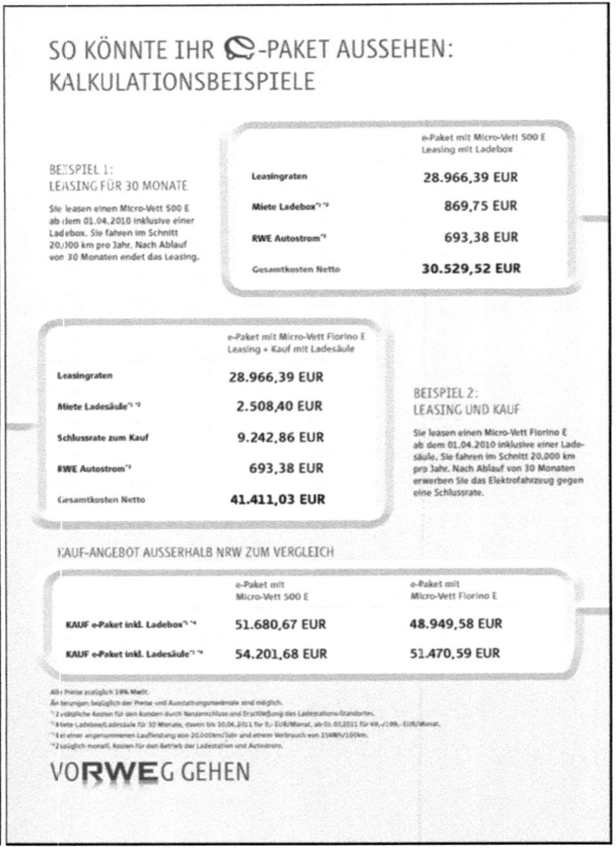

SO KÖNNTE IHR e-PAKET AUSSEHEN: KALKULATIONSBEISPIELE

BEISPIEL 1: LEASING FÜR 30 MONATE

Sie leasen einen Micro-Vett 500 E ab dem 01.04.2010 inklusive einer Ladebox. Sie fahren im Schnitt 20.000 km pro Jahr. Nach Ablauf von 30 Monaten endet das Leasing.

	e-Paket mit Micro-Vett 500 E Leasing mit Ladebox
Leasingraten	28.966,39 EUR
Miete Ladebox*1 *2	869,75 EUR
RWE Autostrom*3	693,38 EUR
Gesamtkosten Netto	30.529,52 EUR

BEISPIEL 2: LEASING UND KAUF

Sie leasen einen Micro-Vett Florino E ab dem 01.04.2010 inklusive einer Ladesäule. Sie fahren im Schnitt 20.000 km pro Jahr. Nach Ablauf von 30 Monaten erwerben Sie das Elektrofahrzeug gegen eine Schlussrate.

	e-Paket mit Micro-Vett Florino E Leasing + Kauf mit Ladesäule
Leasingraten	28.966,39 EUR
Miete Ladesäule*1 *2	2.508,40 EUR
Schlussrate zum Kauf	9.242,86 EUR
RWE Autostrom*3	693,38 EUR
Gesamtkosten Netto	41.411,03 EUR

KAUF-ANGEBOT AUSSERHALB NRW ZUM VERGLEICH

	e-Paket mit Micro-Vett 500 E	e-Paket mit Micro-Vett Florino E
KAUF e-Paket inkl. Ladebox*1 *4	51.680,67 EUR	48.949,58 EUR
KAUF e-Paket inkl. Ladesäule*1 *4	54.201,68 EUR	51.470,59 EUR

Alle Preise zuzüglich 19% MwSt.
Änderungen bezüglich der Preise und Ausstattungsmerkmale sind möglich.
*1 Zusätzliche Kosten für den Kunden durch Netzanschluss und Erschließung des Ladestations-Standortes.
*2 Miete Ladebox/Ladesäule für 30 Monate, davon bis 30.06.2011 für 0,- EUR/Monat, ab 01.07.2011 für 49,-/199,- EUR/Monat.
*3 Bei einer angenommenen Laufleistung von 20.000km/Jahr und einem Verbrauch von 15kWh/100km.
*4 Zuzüglich monatl. Kosten für den Betrieb der Ladestation und Autostrom.

VORWEG GEHEN

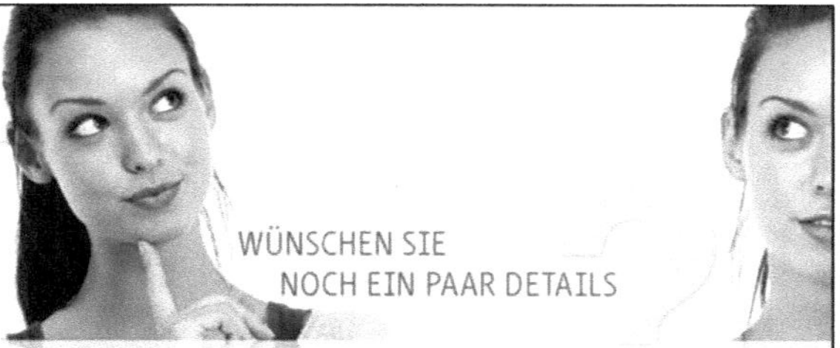

WÜNSCHEN SIE NOCH EIN PAAR DETAILS

Welche Vorteile bieten die RWE Ladestationen?

Die RWE Ladestationen erlauben deutlich höhere Ladeleistungen als übliche Haushaltssteckdosen und den Zugang zu Autostrom-Produkten von RWE bei garantierter Öko-Strom-Nutzung. Dabei werden alle Sicherheitsanforderungen nach VDE/IEC-Normen eingehalten. Sie sind plug & chargefähig, ermöglichen die automatische Authentifizierung des Fahrzeugs über das Ladekabel und erlauben bereits heute zukünftige Zusatzdienste.

Welche technischen Voraussetzungen muss ich für die Installation der Ladestationen schaffen?

Von einem Hausanschluss ist eine ausreichend dimensionierte Anschlussleitung mit eigener Zählung für Ihre Ladestation erforderlich. Ihre Kosten dafür sind abhängig von den örtlichen Gegebenheiten. Zum Abruf der vollen Leistung der RWE Ladesäule muss die Anschlussleitung dreiphasig ausgeführt sein (400 V) und mit 63 A (für RWE Ladebox 32 A) abgesichert sein. Zur Einrichtung empfehlen wir Ihnen die Beauftragung eines e-mobility qualifizierten Elektrofachbetriebes. Dieser wird von RWE bei der Einrichtung unterstützt.

Kann man die Ladestationen auch einzeln kaufen?

Ja. Sie können weitere Ladesstationen zu Ihrem e-Paket dazukaufen. Wenn Sie Ihr Auto oft an einem zweiten Standort parken, können Sie so auch dort schnell und komfortabel laden. Der Kauf einzelner Ladestationen im Bündel mit einem RWE Autostrom-Vertrag ist ebenfalls möglich.

Kann ich die Elektrofahrzeuge auch einzeln bei RWE bestellen?

Nein. RWE möchte seinen Kunden eine komplette Lösung aus Elektroauto, Ladestation und RWE Autostrom anbieten.

Wer führt den Service für die Elektroautos durch?

Die Fahrzeuge können in fast allen Fällen über das bestehende Fiat-Händlernetz repariert und gewartet werden. Der Elektroantrieb und die Batterien bedürfen jedoch einer speziellen Schulung des Servicepersonals. Das Angebot entsprechender Spezialbetriebe wird zunächst in Nordrhein-Westfalen aufgebaut.

Reservieren Sie Ihr e-Paket unter **www.rwe-mobility.com**

RWE Effizienz GmbH
Freistuhl 7
44137 Dortmund
T +49 231 438-08
F +49 231 438-3080
I www.rwe-mobility.com

P-001 RWE 262/11.09

Glossar

Ein **Akkumulator**, oder kurz **Akku**, ist ein Speicher für elektrische Energie, meist auf Basis eines elektrochemischen Systems, also eine wiederaufladbare- oder Sekundär-Zelle. In einem Akkumulator wird beim Aufladen elektrische Energie in chemische Energie umgewandelt. Wird ein Verbraucher angeschlossen, so wird die chemische Energie wieder in elektrische Energie zurückgewandelt. Beim Aufladen und Entladen von Akkumulatoren wird Wärme frei, wodurch ein Teil der zum Aufladen aufgewandten Energie verloren geht. Das Verhältnis der entnehmbaren zu der beim Laden aufzuwendenden Energie wird als Ladewirkungsgrad oder Ladefaktor bezeichnet (siehe dazu: Ladefaktor).

In Abgrenzung zu dem natürlich stattfindenden Treibhauseffekt wird der Treibhauseffekt, der aufgrund der menschlichen Zufuhr klimawirksamer Gase in die Atmosphäre entsteht, als **anthropogener Treibhauseffekt** bezeichnet. Dabei erhöhen die menschlichen Aktivitäten die Anteile der auch auf natürlichen Weg in die Atmosphäre gelangenden Gase zusätzlich. Hierzu gehören z.B. Kohlendioxid, Methan, Distickstoffoxid und troposphärisches Ozon. Ferner gelangen weitere klimawirksame Gase in die Atmosphäre wie Flourchlorkohlenwasserstoffe (FCKW) und Chlorflourmethance (CFM).

Batterieklimatisierung dient dazu, die Temperaturdifferenz zwischen einzelnen Zellen in bestimmten Grenzen zu halten (i. d. R. unter 5K). Erforderlich ist dies bei Batterien, die aus sehr vielen Einzelzellen aufgebaut sind (per „packaging“), da sich die innen liegenden Zellen (wegen der geringeren Wärmeabfuhr) stärker aufheizen. Die Klimatisierung erfolgt i. d. R durch einen Lüfter. Zur Messwerterfassung sind einzelnen Zellen mit Temperatursensoren ausgestattet.

Aufgabe eines **Batteriemanagementsystems** ist es, für einen Temperaturausgleich zwischen den einzelnen Modulen zu sorgen, die Zellenspannung innerhalb zulässiger Grenzen zu halten, Lade- und Entladeprozess im vorgeschriebenen Rahmen zu halten und mittels Strombegrenzung einen Tiefentladungsschutz zu gewährleisten. Hierzu ist es erforderlich, für die genannten physikalischen Größen in vorgegebenen Intervallen Messdaten zu erfassen.

Die **Be- und Entladezeit** ist die Zeit, die benötigt wird, um den Speicher eine bestimmte Energiemenge zuzuführen oder zu entnehmen.

Eine **Brennstoffzelle** ist eine galvanische Zelle, welche die chemische Reaktionsenergie eines kontinuierlich zugeführten Brennstoffes und eines Oxidationsmittels in elektrische Energie wandelt. Diese Wandlung erfolgt direkt, also nicht über den Zwischenschritt der Gewinnung thermischer Energie. Bisher erzielte Wirkungsgrade übersteigen den von Otto- und Dieselmotoren und erreichen (oder überschreiten geringfügig) den moderner Gasturbinen. Häufige Bauart ist die Wasserstoff-Sauerstoff-Brennstoffzelle.

BEV steht für „Battery Electric Vehicle", also für ein batteriebetriebenes Elektrofahrzeug. Dabei meint dieser Begriff ein Fahrzeug mit Elektroantrieb, das *rein* batteriebetrieben ist (also nur die Batterie als Energiequelle nutzt) – im Gegensatz zu hybriden Antriebskonzepten, bei denen beispielsweise zusätzlich ein Verbrennungsmotor genutzt wird (sei es für Antriebszwecke, sei es zum Aufladen der Batterie).

Beim **Boosten** unterstützt die elektrische Maschine den Verbrennungsmotor beim Beschleunigen. Da die elektrische Maschine hohe Drehmomente bereits bei niedrigen Drehzahlen erzeugt, heißt das: Dynamik von der ersten Sekunde an. Die zusätzliche Antriebsleistung der elektrischen Maschine ermöglicht es, den Verbrennungsmotor von vornherein kleiner, leichter und kraftstoffsparender auszulegen (Downsizing).

Der **China-Faktor** bezeichnet die rasant wachsenden Märkte der Volksrepublik China und den sich daraus ergebenden starken Einfluss auf die Weltwirtschaft. Der Begriff wird gerne im Zusammenhang mit Wirtschaftsthemen und Politik verwendet und in einzelnen Betrachtungen besonders berücksichtig, da er das Ergebnis erheblich beeinflussen kann. In dieser Arbeit bezieht sich der China-Faktor auf die Überlegungen hinsichtlich des Automobilmarktes und den sich dabei abzeichnenden Rohstoffbedarf bzw. Rohölbedarf und Umweltauswirkungen bei gegenwärtigem Wachstum, extrapoliert auf die zukünftige Entwicklung in den Bereichen Automobil und Umwelt.

Die europäischen **CO_2-Flottenzielwerte** (Verordnung Nr. 443/2009 vom 23. April 2009) besagen, dass der durchschnittliche CO_2-Ausstoß bei Neuwagen in der EU bis zum Jahr 2015 auf 130 Gramm CO_2 pro Kilometer gesenkt werden sollen. Diese Absenkung soll stufenweise erfolgen (z.B. bis 2012 sollen 65 Prozent der Neuwagen die Vorgaben der Verordnung erfüllen). Weitere

10 Gramm pro Kilometer sollen durch andere technische Verbesserungen und einen erhöhten Einsatz von nachhaltigen Biokraftstoffen eingespart werden.

Doppelschichtkondensatoren sind zwischen den klassischen Kondensatoren und den Akkus anzusiedeln. Sie können als Energiespeicher (elektrostatische anstatt elektrochemische) eingesetzt werden. Ihr Speichervermögen ist zwar deutlich geringer als das von Batterien bzw. Akkus, aber sie können die jeweiligen Energiemengen in wesentlich kürzerer Zeit aufnehmen bzw. abgeben.

Downsizing bedeutet den Umfang einer materiellen Ausstattung zu verringern unter Beibehaltung der bisherigen Leistungsfähigkeit. Letzteres wird dabei oftmals durch Effizienzsteigerungen aus Synergieeffekten erleichtert, die sich bei der Verkleinerung einzelner Bauteile innerhalb eines Systems ergeben, da dann häufig auch andere Bauteile verkleinert werden können, damit das Gesamtgewicht sinkt, usw.

Der **Elektrofahrzeug-Großversuch auf Rügen** wurde 1992 bis 1996 im Auftrag des BMBF durchgeführt – mit dem Ziel, die Potenziale der Elektromobilität zu testen. Er umfasste 60 Fahrzeuge, die konventionell ausgelegt waren (nur auf Elektroantrieb umgerüstet). Dieser Umstand sowie insbesondere die geringe Leistungsfähigkeit der damals verfügbaren elektrischen Energiespeicher führten zu einem negativen Ergebnis, sowohl hinsichtlich Praxistauglichkeit als auch hinsichtlich erzielbarer ökologischer Vorteile.

Der Ausdruck **emerging markets** aus dem englischen für „aufkommender", „hervortretender" Markt wird häufig im Finanz- und Börsenbereich verwendet und steht hier für einen aufstrebenden Markt. In der Regel verfügen Schwellenländer der Zweiten Welt über so einen Markt. Dazu zählen z.B. große Staaten wie die Volksrepublik China oder Indien, aber auch kleinere Staaten in Osteuropa wie Bulgarien und Rumänien.

End-of-Pipe-Technologien (zu Deutsch: am Ende der Röhre) sind additive Umweltschutzmaßnahmen. Sie verändern nicht den Produktionsprozess selbst, sondern verringern die Umweltbelastung durch nachgeschaltete Maßnahmen. Dabei sollen versucht werden, die Umweltauswirkungen so gering wie möglich zu halten. Beispiele sind Partikelfilter, Katalysatoren oder Entschwefelungsanlagen.

Die **Energiedichte** ist das Verhältnis des nutzbaren Energieinhalts zu seiner Masse oder seinem Volumen. Dementsprechend spricht man von der spezifischen/gravimetrischen [Wh/kg] bzw. von der volumetrischen Energiedichte

[Wh/l]. Die Energiedichte kann sich dabei auf das Gesamtsystem oder nur auf den Speicher beziehen.

Beim **Energiegehalt** in [J] oder [Wh] unterscheidet man zwischen dem theoretischen und praktischen Energiegehalt, wobei letzterer u.a. die bei der technischen Realisierung auftretenden Verluste berücksichtigt. Der tatsächliche technisch entnehmbare Energieinhalt entspricht dem praktischen Energieinhalt abzüglich der Energie, die zum Funktionieren des Speichers in diesem verbleiben muss.

Die **Entladetiefe** ist die Energiemenge eines Nennzyklus bezogen auf die Speicherkapazität ausgedrückt als Prozentwert.

Als **Erzeugungsspitze** wird eine überdurchschnittlich hohe Stromproduktion von im allgemeinen fluktuierenden Energieerzeugern bezeichnet. Beispiele hierfür sind Photovoltaik-Anlagen bei hoher Sonnenstrahlung oder die Stromerzeugung von Windkraftanlagen bei Windböen.

Die **EU-Batteriedirektive** (September 2006) regelt die Herstellung und Entsorgung von Batterien innerhalb der Europäischen Union. Für besonders gefährliche Inhaltsstoffe werden dabei Höchstgrenzen festgesetzt (sofern sie nicht ganz verboten werden), Anforderungen an geeignete Entsorgungsverfahren werden festgelegt und Vorgaben hinsichtlich der weiteren Gesetzgebung, beispielsweise hinsichtlich Beschriftung und Kennzeichnung, werden gemacht.

Fluktuierende Energieeinträge bezeichnet eine Energieeinspeisung, die von ihrer Höhe her im zeitlichen Verlauf starken Schwankungen unterworfen ist. Dies ist beispielsweise bei Wind- und (abhängig von der Klimazone) bei Sonnenenergie der Fall.

Ein **Geschäftsmodell** besteht allgemein aus den drei Hauptkomponenten Nutzenversprechen (value proposition), Architektur der Wertschöpfung und Ertragsmodell. Im Bereich der Energieversorgung von Elektrofahrzeugen bestehen zahlreiche Freiheitsgrade zur Gestaltung solcher Modelle, abhängig davon ob der Fahrzeughalter die Batterie kauft oder nur least, ob der Energie-Provider gegebenenfalls Batterie-Kaufzuschüsse gewährt unter Vereinbarung von Stromabnahmeverpflichtungen zu definierten Tarifen, etc.

Greenwashing setzt sich aus den englischen Begriffen „green“ und „washing“ zusammen. „Green“ steht in Anspielung auf die Farbe „grün“ als Symbol für Natur und Umweltschutz. „Washing“ bezieht sich in diesem Zusammenhang auf „waschen“ im Sinne von „Geldwäsche“ oder „reinwaschen“ und in Folge der

Analogiebildung für „schönfärben". Der Begriff bezeichnet auf kritische Art und Weise PR-Methoden die darauf zielen einem Unternehmen in der Öffentlichkeit ein umweltfreundliches und verantwortungsvolles Image zu verleihen; umgangssprachlich etwa: „sich ein grünes Mäntelchen umhängen".

Hochtemperaturbatterie bezeichnet eine Batterie, deren erforderliche Betriebstemperatur deutlich über den normalen Umgebungstemperaturen liegt. Bekanntester Vertreter dieses Typs ist die **„Zebra"-Batterie**, eine wieder aufladbare Natrium-Nickelchlorid-Batterie. Ihre Arbeitstemperatur liegt bei ca. 300° Celsius.

Der technische Einsatz von Keramik wird als Werkstoff Hochleistungskeramik bezeichnet. Dieser kommt aufgrund seiner besonderen Eigenschaften wie Hitzebeständigkeit, elektrische Isolation, Abrieb- und Verschleißfestigkeit, Bruchzähigkeit in technischen Anwendungen zum Einsatz. Am Beispiel der neu entwickelten Heizlüfter mit **Hochleistungs-Keramikregister**, wird hier der Werkstoff in einer elektronischen Komponente verwendet.

HEV steht für „hybrid electric vehicle", somit für ein Fahrzeug, das einen konventionellen verbrennungsmotorischen Antrieb mit einem elektromotorischen Antrieb – gespeist von einer wieder aufladbaren Batterie – kombiniert. Falls die elektrische Komponente nur einen kleinen Anteil am Antriebskonzept hat, spricht man von einem „Mild Hybrid".

Das Wort **Hybrid** stammt ursprünglich aus dem Griechischen und bedeutet soviel wie „gemischt" oder „zweierlei Herkunft".

Der **IPCC** ist ein zwischenstaatlicher Ausschuss für Klimaveränderungen und trägt die Ergebnisse der Forschung von verschiedenen Disziplinen in einem Report zusammen (Zuletzt 2007). Dieser Report ist Basis für politische und wissenschaftliche Diskussionen bezüglich der globalen Erderwärmung

Die **kalendarische Lebensdauer** beschreibt den Verschleiß eines Systems der ohne dessen Nutzung auftritt bzw. die typischen Zyklenzahlen nicht der begrenzende Faktor für die Lebensdauer sind.

Der **Ladefaktor** gibt das Verhältnis der eingeladenen zur entnommenen Energie an. Dieser Wert kann z.B. bei Batterien abhängig von den Ladeströmen sein.

Leistungsdichte bezeichnet „Leistung pro Masse" oder „Leistung pro Volumen" und stellt eine wichtige Kenngröße für elektrische Energiespeicher dar. Sie beschreibt den Energiedurchsatz pro Zeiteinheit, bezogen auf Masse oder Volumen (im Gegensatz zur Energiedichte, die die entsprechende Energiemenge beschreibt). Bei Elektrofahrzeugen hat sie somit wesentlichen Einfluss auf das erzielbare Beschleunigungsverhalten.

Leitmarkt bezeichnet einen Markt, der künftige Nachfragetrends frühzeitig bedient – der Leitfunktion hat, weil dort innovative Konzepte früher als andernorts in marktverfügbare Produkte und Leistungen umgesetzt (und von den Nachfragern akzeptiert) werden. Dies dient den beteiligten industriellen Branchen als Grundlage zur Schaffung von Wettbewerbsvorteilen, insbesondere in internationaler oder globaler Hinsicht.

Die **Lithium-Ionen-Batterie** oder **Lithium-Ionen-Akkumulator** (kurz: Li-Ion, Li-Akku) zeichnet sich durch eine sehr hohe Energiedichte aus. Sie gilt als thermisch stabil, liefert weitgehend konstante Spannung im Entladezeitraum und unterliegt nahezu keinem Memory-Effekt. Die Energiespeicherung beruht auf der Einlagerung von Lithium-Ionen ($Li+$) in die Schichtgitter der Kathode (z.B. aus Graphit). Weitere wesentliche Bestandteile sind Anode (z.B. aus **Lithium-Metall-**Oxiden), Elektrolyt (wasserfrei) und Separator (aus **Polymer** oder Keramik). Alle Bestandteile sind derzeit in intensiver Weiterentwicklung begriffen.

LOHAS steht für die Abkürzung „Lifestyle of Health and Sustainability" mit den Personen bezeichnet werden, die sich für die Gesellschaft und die Umwelt engagieren, ohne dabei jedoch auf Genuss und Luxus zu verzichten (Sowohl-als-auch-Lebensstil). Bekannteste Beispiele dieses neuen Lebensstil-Typs „moralischer Hedonisten" sind George Clooney, Brad Pitt und Madonna.

Als **Memory-Effekt** (memory = engl. *Gedächtnis*) wird der Kapazitätsverlust eines Akkumulators bezeichnet. Der Akku scheint sich den abgegebenen Energiebedarf zu merken und stellt nach der Aufladung nur noch diesen wieder zur Verfügung.

Bei **Metall-Luft-Batterien** wird in alkalischem Elektrolyt das Anodenmetall (z.B. Eisen, Aluminium oder Zink) oxidiert, während an der katalytischen Kathode Luftsauerstoff mit Wasser zu Hydroxidionen umgesetzt wird. Einer breiten industriellen Herstellung wieder aufladbarerer Systeme stehen derzeit noch technische Probleme bei der Herstellung einer geeigneten Kathode entgegen. Als besonders zukunftsträchtig gilt die Zink-Luft-Batterie (mit Zink als Anodenmaterial).

Netzintegration bezeichnet den Vorgang, elektrische Energie aus externen Quellen in das reguläre Stromnetz einzuspeisen – in einer Weise, dass die Stabilität dieses Netzes (hinsichtlich Spannung, Frequenz, etc.) nicht beeinträchtigt wird. Insbesondere bei fluktuierenden Energieeinträgen (wie bei vielen erneuerbaren Energien der Fall) bedarf es hierfür gesonderter Konzepte.

Peak Oil bezeichnet die maximale Menge an Erdöl, die gefördert werden kann und stellt somit die Produktionsspitze der Erdölförderung dar.

PHEV steht für „plug-in hybrid electric vehicle", also einem Fahrzeug, das einen verbrennungsmotorischen mit einem elektromotorischem Antrieb kombiniert und dessen Batterie aus dem allgemeinen Stromnetz („plug-in", also per Stecker) aufgeladen werden kann (im Gegensatz zum normalen HEV, dessen Batterie nur vom Verbrennungsmotor bzw. per Rekuperation aufgeladen wird).

Als **Primärenergie** bezeichnet man die von der Natur zur Verfügung gestellten Energieformen, insbesondere in Form fossiler Energieträger (Kohle, Erdöl. Und Erdgas) sowie regenerativer Energiequellen (Sonnenstrahlung, Wind, usw.). Den Gegensatz bildet Sekundärenergie – diese wird durch (verlustbehaftete) Umwandlungsprozesse aus Primärenergie hergestellt.

Als **Range Extender** bezeichnet man Aggregate, die dazu geeignet sind, die Reichweite von Elektrofahrzeugen über die aus der eingebauten Batterie resultierende Reichweite hinaus zu erhöhen. Hierzu kommen insbesondere Verbrennungsmotoren und Brennstoffzellen in Betracht.

Rekuperation stammt aus dem lateinischen für „recupare" und bedeutet so viel wie „wiedererlagen", „wiedergewinnen" oder „wiedergutmachen". Damit wird die Rückgewinnung von Bremsenergie in einem Fahrzeug bezeichnet. Die Energie, die beim Bremsen und im Schubbetrieb entsteht, wird in elektrische Energie umgewandelt und in die Hybridbatterie überführt. Besonders bei häufigen Bremsvorgängen im Stadt- und Überlandverkehr trägt dies zur Verbrauchsminderung bei, da die Energie aus der Hybridbatterie z.B. für das Anfahren genutzt werden kann.

Recycling beschreibt allgemein den Vorgang, Abfall so aufzubereiten, dass er als Sekundär-Rohstoff wieder in den Produktionsprozess einfließen kann. Auf dem Gebiet der Elektromobilität ist insbesondere das Recycling von Rohstoffen begrenzter Verfügbarkeit oder hoher Gewinnungskosten von Relevanz. Hierzu zählen beispielsweise zahlreiche im Bereich der Energiespeicher eingesetzte Metalle (Lithium, Kobalt, etc.), aber auch die Leitsalze der verwendeten Elektrolyte.

Redox-Flow-Batterien bestehen aus zwei flüssigen Elektrolyten, die durch eine Membran getrennt sind und in externen Tanks gelagert werden – wodurch eine Entkopplung von Leistung (Membran) Kapazität (Tankinhalt) erleichtert wird. Die eigentliche Energiespeicherung erfolgt in chemischen Verbindungen (mittels Reduktion und Oxidation), analog zu klassischen Akkumulatoren. Ihr Vorteil licgt u. a. in dcr Möglichkeit einer schnellen Aufladung durch Flüssigkeitsaustausch („Betankung"). Auf Basis ihrer derzeitigen Leistungsdichte gilt sie allerdings mehr für stationäre als für mobile Anwendungen geeignet.

Als **regenerative Energiequellen** bezeichnet man die Quellen der nachhaltigen, sich stetig erneuernden Energien. Hierzu zählen insbesondere Solarthermie und Photovoltaik, Wasserkraft, Windenergie, Geothermie und Bioenergie.

Unter **Rekuperation** versteht man die Rückgewinnung von Bremsenergie. In Elektrofahrzeugen geschieht dies zumeist durch Umschaltung des Antriebsmotors auf Generatorbetrieb, mit Rückspeisung der Energie in die Fahrzeugbatterie. Aufgrund von Wandlungsverlusten können dabei nur Teile der Bremsenergie zurück gewonnen werden.

Roadmap ist ein Begriff aus dem Projektmanagement. Ein Instrument für die visualisierte zeitliche Anordnung von Prozessen im Rahmen der Projekt- oder Strategieplanung, um ein definiertes Ziel zu erreichen. Wörtlich übersetzt aus dem englischen steht das Synonym „Straßenkarte" für Strategie oder Projektplan.

Als **Separator** bezeichnet man in Lithium-Ionen-Batterien die Trennschicht zwischen Anode und Kathode. Sie ist als Membran aufgebaut, die nur für bestimmte Stoffe, wie z.B. Ionen (Li+), durchlässig ist. Sie bestehen i. d. R. aus Polymeren oder aus keramischen Materialien.

Ein **Smart Grid** bezeichnet ein „intelligentes Stromnetz", das moderne Informations- und Kommunikationstechnik einsetzt, beispielsweise zur Integration dezentral erzeugter Energie, zur Optimierung des Lastmanagements oder ggf. zum kundenseitigen Energiemanagement Unter Smart Meter versteht man einen intelligenten, mit Zusatzfunktionen ausgestatteten, elektronischen Stromzähler. Als Zusatzfunktion kann dabei auch die Fähigkeit implementiert werden, den Energieabruf zu steuern oder an übermittelte Begleitinformationen zu koppeln, wie beispielsweise die aktuelle Verfügbarkeit von Windenergie (was die gezielte Betankung von Elektrofahrzeugen mit Strom aus regenerativen Energien ermöglicht).

Die **Speicherkapazität** stellt die gesamte nutzbare Energie eines Speichers in Joule [J] oder Wattstunden [Wh] dar.

Die **Speicherleistung** ist die maximal abrufbare Energie eines Speichers pro Zeiteinheit. Ihre Einheit ist das Watt [W].

Die Dauer eines **Speicherzyklus** ergibt sich aus der Summe von Lade-, Halte- und Entladezeit.

Die **Start-Stopp-/Generator Funktion**: Steht das Fahrzeug still, wird der Verbrennungsmotor ausgeschaltet. Beim Start wirft ihn die elektrische Maschine automatisch wieder an. Dies ist je nach Auslegung auch während der Fahrt möglich (Segelbetrieb). Als Generator kann die elektrische Maschine Motorleistung in elektrische Energie umwandeln, die dem Bordnetz zur Verfügung steht oder der Batterie zugeführt wird.

Der **Strommix** gibt an, zu welchen Anteilen der Strom aus den einzelnen Primärenergieträgern erzeugt worden ist – also aus den einzelnen fossilen Rohstoffen (Kohle, Erdöl und Erdgas), aus Atomenergie und aus erneuerbaren Energien.

Systemintegration beschreibt den Prozess, aus einzelnen technischen Komponenten ein funktionsfähiges Gesamtsystem aufzubauen.

Eine **Tank-to-Wheel** Betrachtung betrachtet nur Emissionen, die in einem Fahrzeug direkt entstehen. Emissionen die in der Vorkette anfallen, werden nicht berücksichtigt. „Tank" steht für den Treibstofftank und „Wheel" für das Rad. Dementsprechend bezieht sich die Betrachtung auf die Verwendung des Treibstoffs vom Tank bis hin zur Bewegung der Reifen.

V2G-Konzepte (Vehikel to Grid) sehen vor, die Batterien von Elektrofahrzeugen als Netzpuffer einzusetzen, also bei Bedarf Energie aus den Elektrofahrzeugflotten zurück ins Netz zu speisen. Dies kann im Sinne eines effektiven Last- und Speichermanagement sinnvoll sein, beispielsweise um Fluktuationen aus den Energieeinträgen erneuerbarer Energien auszugleichen.

Die nicht zu vermeidenden **Verluste bei der Energiespeicherung** lassen sich in diejenigen, die bei der Ladung und Entladung auftreten und in die meist zeitabhängigen **Selbstentladeverluste**, die stark von den Einsatzbedingungen abhängen, unterteilen. Sie werden in Prozent pro Zeitintervall angegeben.

Well-to-Wheel steht für den ganzheitlichen Ansatz der Gesamtkette von der Kraftstoffbereitstellung bis zur Verwendung in Fahrzeugen. „Well" steht für „Bohrloch" und lehnt sich somit an die klassische Bereitstellungskette für fossilen Kraftstoff an. Wheel" (Rad) steht hierbei für die Verwendung des Kraftstoff im Fahrzeug bis hin zur Bewegung der Reifen. Diese Betrachtung berücksichtigt somit die Gesamtheit der Umwandlungsverluste und gibt somit Aufschluss über die energetische Gesamteffizienz eines Kraftfahrzeug-Antriebskonzepts.

Der **Wirkungsgrad** einer Anlage ergibt sich aus dem Verhältnis von abgegebener zu zugeführter Leistung für einen stationären Zustand. Er ist ein Maß für die Energieeffizienz und für den notwendigen Ressourceneinsatz. Der Wirkungsgrad wird häufig in Prozent angegeben.

Worst-Case-Szenario aus dem englischen „worst" für „schlecht" und „case" für „Fall" bezeichnet den schlechtesten oder den ungünstigsten (anzunehmenden) Fall. Erweitert um die Bezeichnung „Szenario" betrifft dies vor allem „technische" Aspekte einer zeitlichen Entwicklung: den Fall eines Systemversagens, widrige äußere Umstände und die daraus resultierenden Folgen, die dann zu bewältigen sind.

Die **Zebra-Batterie** ist eine wieder aufladbare Hochtemperaturbatterie (benannt nach dem Lieblingstier des Entwicklers). Sie basiert auf Natrium-Nickelchlorid, mit den Reaktanden Natriumchlorid (Kochsalz) und Nickel. Die Trennung der verschiedenen Ionen erfolgt durch eine semipermeable Keramikwand. Hinsichtlich mobilen Einsatzes verfügt sie über einige günstige Eigenschaften (Energiedichte, Zyklenfestigkeit), ihr Einsatz wird aber durch das Erfordernis der hohen Betriebstemperatur (ca. 300° Celsius) deutlich erschwert.

Zyklenfestigkeit bezeichnet die Anzahl der Lade- und Entlade-Zyklen, welche eine Batterie durchlaufen kann, bevor die Kapazität der Batterie unterhalb eines bestimmten Prozentsatzes der Anfangskapazität abgefallen ist.

Die **Zyklenlebensdauer** tritt bei den Lade- und Entladeprozessen eines Energiespeichers als Verschleißerscheinung auf.

Quelle Glossar: Eigene Begriffserklärungen; Bundesregierung (2009b), S. 48 ff.; Neupert, Ulrik et. al. (2009), S. 14 ff.